国家出版基金项目
NATIONAL PUBLICATION FOUNDATION

绿色发展及生态环境丛书

绿色家园

精品宣教资源选集

《绿色发展及生态环境丛书》编委会 组编

Lüse Jiayuan
Jingpin Xuanjiao
Ziyuan Xuanji

U0245121

大连理工大学出版社
DALIAN UNIVERSITY OF TECHNOLOGY PRESS

图书在版编目（CIP）数据

绿色家园精品宣教资源选集 /《绿色发展及生态环
境丛书》编委会组编 . -- 大连 : 大连理工大学出版社，
2021.12

（绿色发展及生态环境丛书）

ISBN 978-7-5685-3538-0

Ⅰ.①绿… Ⅱ.①绿… Ⅲ.①生态环境—教育资源
Ⅳ.①X-4

中国版本图书馆CIP数据核字(2021)第251761号

大连理工大学出版社　出版

地址:大连市软件园路80号　邮政编码:116023

发行:0411-84706041　传真:0411-84707403　邮购:0411-84706041

E-mail:dutp@dutp.cn　URL:http://dutp.dlut.edu.cn

大连金华光彩色印刷有限公司印刷　　　　　　大连理工大学出版社发行

幅面尺寸 : 168mm × 235mm　　　印张 : 15　　　字数 : 261千字

2021年12月第1版　　　　　　　　　　　2021年12月第1次印刷

责任编辑 : 刘晓妍　徐　静　　　　　　　责任校对 : 邵玉洁

封面设计 : 冀贵收

ISBN 978-7-5685-3538-0　　　　　　　　定　价 : 56.00元

《绿色发展及生态环境丛书》编委会

前言

　　地球是人类赖以生存的家园，建设美丽家园是人类的共同梦想。历史表明，工业化进程创造了前所未有的物质财富，也产生了难以弥补的生态创伤。面对资源约束趋紧、环境污染严重、生态系统退化的严峻形势，人类越来越清醒地认识到：只有建立生态文明社会，地球生物圈的健康和安全才能得到真正恢复，人类生存也才能得以长期持续。为此，开展长期的、全面的生态文明教育迫在眉睫，让青少年获得生态知识，产生对生态问题的敏感性，增强忧患意识，对影响生态的行为采取审慎的态度，切实提高生态文明素养，是开展生态文明教育的重要任务。

　　学校、社区、环境教育基地等是对青少年进行绿色发展、生态文明教育的重要阵地。为全面贯彻落实《中共中央　国务院关于加快推进生态文明建设的意见》，满足青少年生态文明教育的需求，我们精选了学校、社区、环境教育基地及其他生态环境宣教机构有关绿色发展、生态文明教育的优秀宣教资源和活动案例，从关爱自然、环境保护、能源危机、变废为宝、绿色生活、共建家园等诸多方面，呈现了绿色发展、生态文明教育的实践成果。这些优秀实践成果从青少年的生活实际出发，内容可操作性强，有助于引导青少年从小学会欣赏自然、关爱自然，关注家庭的生活方式、出行方式、消费方式，关注社区、农村、城市的生态环境，关注国家、全球的生态环境问题，进而正确认识个人、社会与自然之间的关系，认识生态环境，了解生态平衡，理解绿色发展，建设生态文明。对青少年进行绿色发展、生态文明教育，能够带动家庭，进而影响社会，对推动全民参与绿色发展、生态文明建设具有重要的现实意义。

我们力求本系列图书能从小培育青少年形成人与自然环境相互依存、相互促进、共处共融的生态意识，建立简约适度和绿色低碳的生活方式，养成自觉维系生态平衡和保护环境的道德习惯，以此引导青少年理解以"解决好人与自然和谐共生问题"为要义的绿色发展理念，确保青少年的生态文明素养逐步达到生态文明社会的要求。

本系列图书在编写过程中得到了大连理工大学、大连市生态环境局、大连市教育局、大连市生态环境事务服务中心领导及专家的悉心指导，在此表示真挚的感谢。

编　　者

2021 年 9 月

目录 CONTENTS

第一章

关爱自然

1 感知大自然　大连市西岗区八一小学 / 2

2 清清水世界　大连市甘井子区郭家街小学 / 5

3 探秘黄、渤海　大连市甘井子区郭家街小学 / 8

4 爱护鸟类朋友　大连市旅顺口区铁山中心小学 / 13

5 拯救野生动物　大连市高新区龙王塘中心小学 / 21

第二章

环境保护

1 一次性筷子的自述　大连市甘井子区郭家街小学 / 30

2 大气污染的危害　瓦房店市赵屯乡中心小学 / 36

3 防治雾霾　大连市西岗区八一小学 / 39

4 保护水资源　大连市第十四中学 / 41

5 保护土地资源　大连市第十四中学 / 54

6 远离"白色污染"　大连市甘井子区郭家街小学 / 62

7 噪声与环境　大连市第十四中学 / 68

8 保护"地球之肺"　大连市高新区龙王塘中心小学 / 77

9   争当环保达人   普兰店区沙包镇中心小学 / 82

10 小学生环保知识竞赛   大连市生态环境事务服务中心 / 86

11 六五环境日活动精彩纷呈   大连市生态环境事务服务中心 / 92

第三章
能源危机

1   节约资源，关爱地球母亲   大连市高新区龙王塘中心小学 / 98

2   合理利用自然资源   庄河市教育局 / 103

3   人类发展离不开能源   瓦房店市教育局   辽宁红沿河核电有限公司 / 106

4   能源与生活   大连市旅顺口区光荣小学 / 114

5   核电与环境   瓦房店市教育局   辽宁红沿河核电有限公司 / 118

6   核电站是这样发电的   瓦房店市教育局   辽宁红沿河核电有限公司 / 122

第四章
变废为宝

1   为什么要进行垃圾分类   大连市环保志愿者协会宣讲团 / 132

2   垃圾实物如何分类   大连市西岗区垃圾分类工作领导小组 / 136

3   垃圾分类　从我做起   大连市西岗区八一小学 / 145

4   请把垃圾送回它的"家"   大连市西岗区红岩小学 / 149

5   探秘垃圾焚烧发电   瀚蓝（大连）固废处理有限公司 / 153

6   生活污水变"清泉"   首创恒基水务集团 / 157

第五章
绿色生活

1　小布袋回来了　大连市甘井子区郭家街小学 / 164

2　一起做书签　大连市西岗区八一小学 / 169

3　用废旧材料制作相框　大连市甘井子区郭家街小学 / 173

4　报纸的另类功能　大连市甘井子区郭家街小学 / 178

5　餐桌上的秘密　大连市甘井子区郭家街小学 / 183

6　为被动吸烟者呼吁　大连市甘井子区郭家街小学 /187

7　节约用水小妙招　大连市甘井子区郭家街小学 / 192

8　低碳生活　大连市旅顺口区光荣小学 / 196

9　绿色出行　大连市高新区龙王塘中心小学 / 204

10　文明旅游我能行　大连市甘井子区郭家街小学 / 208

第六章
共建家园

1　城市美容师　大连市甘井子区郭家街小学 / 216

2　植物装点生活　大连市甘井子区郭家街小学 / 220

3　海绵城市　大连市甘井子区郭家街小学 / 223

4　携手共建绿色校园　庄河市教育局 / 229

第一章

关爱
自然

绿水青山就是金山银山，
关爱自然就是关爱人类自己。

感知大自然

新发现　　日月星云，春夏秋冬，美丽神奇
的大自然充满无穷无尽的奥秘。

春　夏
秋　冬

实践园

　　学校不仅是我们学习的地方，也是我们亲近大自然的空间。在校园里，我们可以触摸大树，倾听鸟鸣，感知大自然。

　　听一听春雨落在树叶上的声音和小鸟叽叽喳喳的叫声，那是大自然的歌声。

　　闻一闻花坛里沁人心脾的花香，那是大自然的芬芳。

　　看一看蓝天白云、火红的枫叶、金黄的银杏，那是大自然描绘的五彩画卷。

　　摸一摸晶莹纯净的白雪，软绵绵、凉冰冰的，那是大自然送给我们的白色纱幔。

鸟鸣

花香

秋叶

白雪

 **环保行**

利用节假日亲近大自然，让大自然成为我们的好朋友、好老师吧！

280 岁的"怕痒树"

▼紫薇花

湖北省十堰市竹山县九女峰国家森林公园百里河境内有两棵南紫薇树，树干雄壮挺拔，树冠整齐茂盛，树龄约280年。两棵树相隔53米遥遥相望，大树胸径126厘米，小树胸径102厘米，高度都超过25米。

紫薇花生于枝顶，呈紫红色、粉红色或白色，花期在6—9月。用手轻轻抚摸树干，全树就会颤动，好像有知觉似的，故又名"怕痒树"。

超链接

我爱听呼呼的风声，
想随风飞舞，
和爸爸妈妈一起去看风景。
我爱听潺潺的流水声，
想变成一条活泼的金鱼，
永远欢游在它的胸膛。
我爱听蛙鸣，
好想躺在凉椅上去数星星，
听奶奶讲神奇的故事。
我爱听马嘶，
想骑一匹骏马，
奔驰在辽阔的草原上。

清清水世界

新发现 水是生命之源。江河湖海里有水，池塘沼泽里也有水。你还能在哪里找到水呢？

▲ 溪流

▲ 湖泊

▲ 海洋

知识库

水的旅行

 实践园

植物和动物离不开水，人类的生产和生活也离不开水。请把你了解到的水的用处填入表中。

水的用处

对于植物		
对于动物		
对于人类	生 产	
	生 活	

超链接

为了缓解世界范围内的水资源供需矛盾，唤起公众的节水意识，加强水资源保护，1993 年 1 月 18 日，联合国大会通过决议，决定从 1993 年开始，将每年的 3 月 22 日确定为"世界水日"。

▲ 国家节水标志

 **环保行**

水是非常重要的自然资源，我们要节约用水。按照下面的节水行为自评表评一评，谁得到的笑脸多，谁就是节水冠军！

节水行为自评表

节水行为	我的表现
洗脸、刷牙时，不用长流水	☺ ☹
在淋浴过程中，水龙头随用随开	☺ ☹
洗衣水用来拖地或冲马桶	☺ ☹
淘米水用来洗菜或浇花	☺ ☹
适量使用清洁剂	☺ ☹
发现水龙头漏水，及时报修	☺ ☹

3 探秘黄、渤海

 新发现

　　黄海夕阳斜照，波光粼粼；渤海冬阳高照，海冰晶莹。黄海与渤海不仅景色优美，物产还很丰富呢！让我们一起走近黄海与渤海，领略别样风采。

黄海夕阳斜照，波光粼粼。

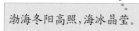

渤海冬阳高照，海冰晶莹。

 知识库

黄海位于中国与朝鲜半岛之间，北面和西面濒临中国，东邻朝鲜半岛。黄海的主要沿海城市有中国的大连、青岛、烟台、威海、日照、东台、连云港、南通等，还有韩国的仁川及朝鲜的南浦等。黄海渔场闻名遐迩。

渤海是中国的内海，三面环陆，在辽宁、河北、山东、天津三省一市之间。渤海通过渤海海峡与黄海相通。渤海海峡口宽 59 海里，有 30 多个岛屿。渤海由北部辽东湾、西部渤海湾、南部莱州湾、中央浅海盆地和渤海海峡五部分组成。

在辽东半岛最南端的老铁山岬海域，能明显看到黄海与渤海的分界线。

实践园

黄海和渤海是我们的海洋宝库，宝库中有许多动植物等着大家去认识，我们一起行动起来吧。

◆实践准备

调查活动中的安全问题不容忽视。那么，我们在开展调查活动时应该注意哪些问题呢？

小组活动计划表

活动主题		小组课题	
组长		组员	
活动目的			
预期成果及表现方式			
活动过程			

◆实践成果

黄海、渤海各具特色，和伙伴们交流一下调查结果吧。

黄海、渤海调查表

海域	海水情况	生物种类	沙滩特征
黄海			
渤海			
调查总结			

 环保行

我国的领海还有哪些？利用节假日到海边走一走，看一看，把你的收获拍下来，再写一写你的心情吧。

南海之滨

展评窗

　　活动结束了，你有哪些收获呢？快来举行一场绘画展，画一画你心中的大海吧。

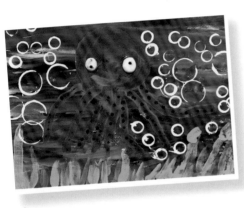

4 爱护鸟类朋友

新发现　　老铁山位于辽东半岛最南端，是东北亚大陆候鸟迁徙的重要通道之一，每年春、秋两季有数千万只候鸟途经此地，素有"老铁山鸟栈"之称。

◀ 长耳鸮

◀ 白鹳

超链接

　　每年经老铁山迁徙的候鸟到底有多少种呢？经过辽宁蛇岛老铁山国家级自然保护区工作人员多年的努力，截至 2021 年 4 月，保护区记录有鸟类 346 种。新版《国家重点保护野生动物名录》公布后，这里的重点保护鸟类增至 82 种，其中国家一级保护鸟类 21 种，国家二级保护鸟类 61 种。

丹顶鹤

实践园

红领巾爱鸟护鸟协奏曲

我们的家乡——大连市旅顺口区老铁山，坐落在黄、渤海沿岸。它三面环海、一面靠山，冬暖夏凉，气候宜人，是避暑的好地方，也因其优越的地理位置，成为东北亚候鸟迁徙的重要通道。这里的辽宁蛇岛老铁山国家级自然保护区每年春、秋两季都会迎来数千万只迁徙的候鸟，给小城带来万鸟翔集的壮观景象。多年来，"国家级自然保护区"的荣誉一直激发着我校师生爱鸟护鸟的热情。为了增强人们爱鸟护鸟的意识，提升人们的环境保护素养，保证鸟类的安全迁徙，我校不断开展形式多样、丰富多彩的爱鸟护鸟活动。虽然毕业生走了一茬又一茬，但是我们爱鸟护鸟的接力从未间断过，红领巾爱鸟护鸟协奏曲在老铁山脚下始终回荡着。我校的爱鸟护鸟教育活动也得到了社会的广泛认可，学校被授予"未成年人生态道德教育示范学校""辽宁省绿色学校"等多项光荣称号。

▼爱鸟护鸟活动

▼学校荣誉

授予：大连市旅顺口区铁山中心小学

未成年人生态道德教育示范学校

中国野生动物保护协会
二〇一四年十月

我给小鸟安新家

每逢春、秋两季，学校都会开展"我给小鸟安新家"活动。孩子们为小鸟制作的新家各式各样：有油粘纸做的"鸟茶馆"，有木板做的"鸟饭厅"，有草绳做的"鸟别墅"，还有稻草做的"鸟宾馆"，等等。在每年春季的爱鸟周、秋季的爱鸟护鸟活动月期间，孩子们会将小鸟的新家安放在大树上、石崖下、水塘边、田埂上和山坡背风处。为了吸引更多的鸟儿，孩子们还会定期在小鸟的新家旁投放小米、高粱等食物，并安放了精致的饮水器。在音乐老师的指导和帮助下，孩子们创编了《我为小鸟安个家》舞蹈，得到了各界人士的广泛好评。

▲ 小鸟的新家

▲《我为小鸟安个家》舞蹈

我们的爱鸟讲习班

通过在校内、校外开展多种形式的爱鸟护鸟活动，孩子们掌握了许多关于鸟类的知识。为了广泛传播爱鸟护鸟的理念，在社会上形成"爱鸟护鸟人人有责"的良好风气，学校专门成立了"爱鸟讲习班"，将其作为爱鸟护鸟社会宣传的主要窗口。讲习班成员主要包括大队委员和中队委员，还不定期地邀请部分家长和社会人士参与，用丰富多彩的活动形式宣传爱鸟护鸟的意义和方式、方法。

▲召开主题家长会

经过多年的努力，我们的付出换来了社会各界的广泛支持与认可，有不少家长还主动写信给学校谈自己对爱鸟护鸟活动的收获与感受。现在，捕杀鸟儿的现象少了，爱鸟护鸟的人多了，更令人欣慰的是，有人发现受伤的鸟儿还会主动和我们一起救治，爱鸟护鸟的风气更加浓郁了。

▲ 保护鸟类宣传画活动

小鸟诊所

　　为了救治受伤的小鸟，学校于 2000 年正式成立了"小鸟诊所"。"小鸟诊所"设有所长一名，副所长两名，小医生若干名（根据实际情况而定）。在救治小鸟的过程中，"小医生"们使出了浑身解数，他们有的查阅资料，有的到兽医站请教救治方法，精心地为小鸟包扎、打针、喂食。孩子们学会了救治小鸟的真本领，救治中那严肃的表情、娴熟的动作就像一名真正的医生。

　　不知经历了多少坎坷，现在"小医生"们的救治水平有了很大提高，挽救了许多只小鸟的生命。救治成功之后，学校还会选择适当时机组织学生举行放飞仪式，将鸟儿放归大自然。

▲ 小心，别弄疼了小鸟

▼ 小鸟多可怜啊

▲ 喜鹊的腿受伤了

▲ 雀鹰康愈后，将它放归大自然

护鸟巡逻队

护鸟巡逻队由学校选拔精明强干的少先队小干部组成，各班级学生还按照家庭居住的方位分成若干个侦察小组。各侦察小组之间密切配合，巡逻队成员展开多方调查，每个人都掌握了第一手资料，一旦发现捕鸟、打鸟的行为，马上进行劝阻并将相关情况记录存档，然后据此开展定期、定点巡逻工作。孩子们在老师的带领下，利用假期走遍了老铁山的每个角落，他们费尽心力地宣传爱鸟护鸟的知识，不仅推广了爱鸟护鸟理念，获得了社会认可，还使护鸟巡逻队成为学校校本课程中一个新的亮点。

在参加护鸟巡逻队活动中，孩子们学会了查阅资料、收集信息，学会了如何感化别人、说服别人，不但用自己稚嫩的双肩挑起了爱鸟护鸟的重担，而且用实际行动宣传了保护鸟类、保护野生动物的环保理念。

护鸟巡逻队整装待发。

护鸟巡逻队巡逻忙。

爱护鸟类倡议书

　　我们的学校位于三面临水、一面靠山的老铁山脚下，每年春、秋两季都有数千万只迁徙候鸟途经老铁山，在这里落脚栖息。鸟是人类的好朋友，我们建设生态文明的伟大事业离不开它们。它们消灭害虫，维持生态平衡；它们传播花粉和种子，是植树造林的好帮手；它们形象可爱，激发了人们创造美好生活的灵感。多年来，为了保障鸟类安全迁徙，我们这群爱鸟小卫士做了大量的宣传工作。尽管如此，我们仍发现有些地方并非鸟儿的真正乐土。为了唤起全体公民的爱鸟护鸟意识，我们发出以下倡议：

　　一、人人争当学法、知法、守法公民。努力学习有关保护野生动物的法律法规，严格遵守各项规章制度，树立热爱自然、热爱家乡、护鸟光荣、猎鸟可耻的新风尚。

　　二、人人争当护鸟宣传员。了解有关鸟类的科学知识，了解它们在保护大自然、调节生态平衡等方面的作用，增强爱鸟护鸟意识，并以各种方式进行宣传。

　　三、如果发现有伤害鸟儿的不法行为，要坚决予以制止。

　　四、让我们都来做鸟儿的"好医生"。如果见到受伤的鸟儿，要及时予以帮助，精心救治、耐心饲养，待伤好后将其放归自然。

　　五、绿化环境，植树造林，为鸟儿创建美丽、舒心的家园，使它们在蓝天自由飞翔，让地球成为它们真正的乐园！

　　让我们小手拉大手，共同完成爱护鸟类的光荣使命吧！

5 拯救野生动物

 新发现

野生动物是地球生态系统的重要组成部分，是人类的朋友。然而，由于人类对野生动物的侵扰和捕杀，野生动物的生存状况越来越差，一些物种的种群数量急剧减少，甚至彻底灭绝。

▲ 穿山甲及其鳞片

◀ 鳄鱼及其皮制品

 知识库

白鳖豚

白鳖豚是中国特有的一种小型淡水鲸，分布范围很小，主要生活在长江中下游及与其连通的洞庭湖、鄱阳湖、钱塘江等水域。白鳖豚身呈纺锤，吻似长剑，眼小如豆，耳似针孔，口中约有 130 颗尖锐牙齿，主要以淡水鱼类为食。白鳖豚是古老的孑遗生物，是世界上所有鲸类中数量最稀少的一种。

《世界自然保护联盟濒危物种红色名录》：极危。

《国家重点保护野生动物名录》：一级。

麋鹿

麋鹿是中国特有的湿地鹿类，因其脸像马、角像鹿、蹄像牛、尾像驴而得名"四不像"。麋鹿曾于 1900 年在中国本土灭绝，幸有极少量存于欧洲，经过约一个世纪的养护，种群才得以恢复。20 世纪 80 年代至今，通过重引进项目，我国麋鹿的园林种群和自然种群得以重建。

《世界自然保护联盟濒危物种红色名录》：野外灭绝。

《国家重点保护野生动物名录》：一级。

扬子鳄

扬子鳄是中国特有的鳄种，体长1~2米，是世界上最小的鳄种之一。扬子鳄有1.5亿多年的进化史，是远古北方仅存的唯一分布在温带的子遗种类。目前，虽然野生扬子鳄极为罕见，但是人工繁育已经相当成功。

《世界自然保护联盟濒危物种红色名录》：极危。
《国家重点保护野生动物名录》：一级。

大熊猫

大熊猫是一种以食竹为主的食肉目动物，是中国特有种，现仅分布于中国四川、陕西境内的竹林。大熊猫已经在地球上生存了至少800万年，是"中国国宝"之一。

《世界自然保护联盟濒危物种红色名录》：易危。
《国家重点保护野生动物名录》：一级。

华南虎

华南虎也称"中国虎"，是中国特有的虎亚种，原为我国分布最广、数量最多的虎种。如今，野外已难觅华南虎种群的踪迹。而且，人工饲养条件下近亲繁殖严重，退化现象十分明显。

《世界自然保护联盟濒危物种红色名录》：濒危。

《国家重点保护野生动物名录》：一级。

朱鹮

朱鹮是被动物学家誉为"东方宝石"的美丽涉禽，曾广泛分布于中国、日本、俄罗斯、朝鲜等地。但由于环境恶化等原因，其种群数量急剧下降，一度被认为已经灭绝。20 世纪 70 年代后期，中国鸟类学家开始寻找朱鹮，终于于 1981 年在陕西省发现 2 窝共 7 只朱鹮，轰动了世界。经过多年的努力，目前全球朱鹮种群数量已达 7 000 余只，其中陕西境内有 5 000 余只。

《世界自然保护联盟濒危物种红色名录》：濒危。

《国家重点保护野生动物名录》：一级。

褐马鸡

褐马鸡是中国特产的珍稀鸟类。虽然名为鸡，但是其生性勇猛善斗，甚至敢与老鹰搏斗。褐马鸡的翅膀短，不善于飞行，两腿粗壮，善于奔跑。它们的分布范围很小，仅分布在我国陕西、山西、河北、北京等地。

《世界自然保护联盟濒危物种红色名录》：易危。

《国家重点保护野生动物名录》：一级。

金丝猴

金丝猴又称"仰鼻猴"，是我国国宝级动物。中国金丝猴包括川金丝猴、滇金丝猴和黔金丝猴三种。川金丝猴面部为蓝色，毛色金黄，分布于四川、陕西、湖北及甘肃。滇金丝猴的头顶有一撮尖形黑色冠毛，口唇呈桃色，毛色以灰黑、白色为主，仅分布在川滇藏交界的云岭山脉，澜沧江和金沙江之间的一个狭小地带。黔金丝猴体型略小于川金丝猴，毛色以灰褐、黑色为主，栖息在贵州省境内的梵净山。

《世界自然保护联盟濒危物种红色名录》：濒危。

《国家重点保护野生动物名录》：一级。

黑颈鹤

黑颈鹤是世界上唯一一种高原鹤类，是藏族人民心目中的"神鸟"，也是全世界 15 种鹤中被最晚记录到的一种。据国际鹤类基金会调查，西藏拥有世界上最大的黑颈鹤种群。

《世界自然保护联盟濒危物种红色名录》：近危。

《国家重点保护野生动物名录》：一级。

藏羚羊

藏羚羊是青藏高原特有物种，为偶蹄目、牛科。近年来，人们对藏羚羊制品的消费需求激增，致使生活在高寒地区的藏羚羊正以每年近万只的速度减少。目前，中国的藏羚羊不足 7 万只，但年复一年、禁而不止的非法交易与屠杀使其数量呈直线下降趋势。

《世界自然保护联盟濒危物种红色名录》：近危。

《国家重点保护野生动物名录》：一级。

 **超链接**

野生动植物是宝贵的自然资源，是生态环境的重要组成部分，也是人类生存与发展不可或缺的物质基础。在某种程度上，人类社会的发展史就是人类利用野生动植物资源不断进行发展的历史。然而，人类活动，特别是自工业化革命以来的近 200 年里，人口数量的急剧膨胀和经济社会的快速发展，使野生动植物的生存环境受到严重威胁，其种类和数量以惊人的速度减少。

专家指出，造成物种灭绝的原因，除不可抗拒的自然灾害因素外，人为活动是主要原因。据科学家估计，由于人类活动的强烈干扰，近代物种的丧失速度比自然灭绝速度加快了约 1 000 倍，比形成速度加快了约 100 万倍。

20 世纪 80 年代，国际社会开始意识到保护生物多样性的重要性，并为此制定了一系列国际公约。1992 年，我国成为世界上首先批准《生物多样性公约》的国家之一，并成立了生物多样性保护委员会，制定了《中国生物多样性保护行动计划》。

 实践园

我们应怎样从身边的小事入手，保护动物朋友呢？

★ 不干扰野生动物的生活。

★ 不恫吓、投喂公共饲养区的动物。

★ 保蛙护农，不吃田鸡。

★ 提倡观鸟，反对关鸟。

★ 不捡拾野禽蛋。

★ 拒食野生动物。

★ 不穿野生动物毛皮制作的服装。

★ 不购买野生动物制品。

★ 认识国家重点保护野生动物。

★ 不鼓励制作、购买动物标本。

★ 不把野生动物当宠物饲养。

★ 保护身边的小动物，并为之提供必要的生存条件。

★ 不参与残害动物的活动。

★ 不鼓励购买动物进行放生活动。

★ 不虐待动物。

★ 见到诱捕动物的索套、夹子、笼网，果断拆除。

第二章

环境
保护

增强环境保护意识，
保护和净化生态环境，
实现人与自然和谐共存。

一次性筷子的自述

 新发现

随着人们生活节奏的加快，一次性筷子以其使用方便的特点，被广泛用于餐馆、食堂等用餐场所。但一次性筷子的生产要消耗大量的木材、竹子，有的劣质产品还存在卫生消毒不达标的隐患。

▼ 砍伐树木或竹子

▼ 加工成筷子

▼ 送上餐桌

▼ 包装筷子

 知识库

　　一次性筷子，顾名思义，就是指使用一次就丢弃的筷子，又称"卫生筷""方便筷"。一次性筷子是社会生活节奏加快的产物，也是造成林业资源浪费的原因之一。

　　截至 2020 年，我国森林覆盖率约 23%，却是一次性筷子出口大国。据统计，我国 2019 年出口的一次性木筷达 5.5 万余吨。

▼ 加硫黄水漂白，烘干

　　一次性筷子按生产原料不同，主要有一次性木筷和一次性竹筷。

　　一次性木筷的生产原料是木材。如果按 1 棵成年树木能够生产 1 万双一次性木筷来计算，每年消耗一次性木筷 450 亿双就需要砍伐约 450 万棵树，这对宝贵的森林资源来说是巨大的损耗。

　　一次性竹筷是用可以再生的竹子制作的，与一次性木筷相比，既经济又环保，越来越被广泛使用。用一次性竹筷代替一次性木筷，能够减少木材的使用，有助于保护森林资源。

虽然一次性筷子使用方便，价格底廉，但是如果生产不规范，就会对人体健康和生态环境造成危害。

危害人体健康

一些小作坊为了降低生产成本，用硫黄、过氧化氢、滑石粉等加工一次性筷子，这些化学物质会对人体健康造成危害。一次性筷子在制作过程中经过硫黄熏蒸后，在使用过程中遇热会释放硫黄，侵蚀呼吸道黏膜。一次性筷子在制作过程中用过氧化氢漂白，

过氧化氢具有强烈的腐蚀性，会对口腔、食道甚至胃肠造成腐蚀。专家指出，过期的一次性筷子含致癌物黄曲霉素，具有极高的致癌风险。劣质一次性筷子还可能带有金黄色葡萄球菌、大肠杆菌及肝炎病毒等，并不像看起来那么卫生。

危害生态环境

因为恶性循环的关系，森林资源减少了，二氧化碳就会增多，大气层会加厚，热量难以散开，会使"温室效应"加剧。

 超链接

一次性筷子最初出现在日本，早在江户时期，日本人就已经发明了一次性筷子，主要用在饮食方面。由于一次性筷子的生产会浪费大量植物资源，许多日本商家就把目标转移到别的国家。

看到这些图片，你有什么想法？

一次性木筷消耗木材量惊人

 实践园

◆计划与组织

为了探究生活中一次性筷子的危害，我们可以采用什么方法收集资料呢？

收集资料好方法

为了保证探究活动的顺利进行，制订活动计划时应该考虑哪些方面呢？让我们分成几个小组，大家一起商议，并做好记录。

推选组长，合理分工。

考虑用哪一种方法开展活动。

设计一个表格，一边讨论，一边记录。

想一想查阅哪方面的资料。

◆实践与思考

无论是校园还是其他公共场所，我们应该从哪些方面呼吁大家行动起来拒绝使用一次性筷子呢？

小组讨论，选择合适的宣传口号，制定宣传方案，开展一次以"拒绝使用一次性筷子"为主题的环保宣传活动。

宣传方案

宣传主题：

宣传口号：

宣传方式：

 展评窗

"一次性筷子的自述"主题实践活动结束了，你在活动中做得怎么样？请把你的活动表现总结一下吧。

活动评价表

评价内容	自我评价	他人评价
积极参与，善于沟通，与同伴合作默契		
学会了收集资料的方法		
善于发现问题并提出解决问题的方法		
动手能力强，能完成作品的制作		

活动心语

2 大气污染的危害

 新发现

世界卫生组织和联合国环境组织发布的一份报告显示：大气污染已成为全世界城市居民生活中一个无法逃避的现实。大气中的有害气体和污染物达到一定浓度时，就会对人类和环境造成危害。

🏠 知识库

大气污染

大气污染是指大气中污染物质的浓度达到有害程度，以致破坏生态系统和人类正常生存和发展的条件，对人和物造成危害的现象。造成大气污染的原因包括自然因素（如火山喷发、森林火灾、岩石风化等）和人为因素（如工业废气、燃料、汽车尾气和核爆炸等），尤以后者为甚。

大气污染会破坏臭氧层，引发温室效应，造成酸雨、干旱、热浪等自然灾害。大气污染对人类健康也有不可预计的危害，尤其是对人体消化系统和呼吸系统损害极大，对人体体表肌肤也有一定损害。

大气污染与工业化相伴而生

臭氧空洞

在距离地表 10~50 千米高度的平流层里，大气中的臭氧相对集中，形成了臭氧层，臭氧浓度最大的部分位于 20~25 千米高度。臭氧层起着净化大气和杀菌作用，不但可以把大部分有害的紫外线过滤掉，减少其对人体的伤害，而且使许多农作物增产。臭氧过浓会使人体中毒；而臭氧含量减少，紫外线就长驱直入，使人体皮肤癌发病率升高，农作物减产。科学家发现，南、北两极上空的臭氧减少，好像天空坍塌了一个空洞，科学家形象地称之为"臭氧空洞"。紫外线就通过"臭氧空洞"进入大气，危害人类和自然界的其他生物。

温室效应

我们居住的地球被一层厚厚的大气包裹着，形成了一座无形的"玻璃房"。由于人类大量燃烧煤、石油和天然气等燃料，大气中二氧化碳的含量增加，"玻璃房"吸收的太阳能量也随之增加，从而产生大气变暖的效应。于是，地球上干旱、热浪、热带风暴等一系列自然灾害加剧，海平面上升，对人类造成了巨大的威胁。

▲ 冰川消融

酸雨

酸雨是指 pH 小于 5.6 的雨雪或其他形式的降水。全球三大酸雨区是西欧、北美和东南亚。以长沙、赣州、南昌、怀化为代表的华中酸雨区现已成为我国酸雨污染最严重的地区。酸雨降到地面后，导致水质恶化，威胁水生动物和植物的生存。酸雨进入土壤后，会使土壤酸化，肥力减弱。人类长期生活在酸雨频发的地区，饮用酸性水质，会诱发呼吸系统、心脑血管等疾病。

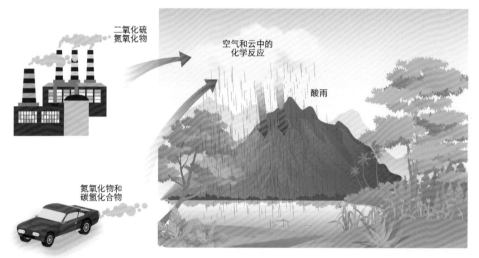

▲ 酸雨的形成过程

 实践园

把大气污染的危害告诉你的爸爸、妈妈。

3　防治雾霾

 新发现　　继"雾霾"成为搜索热词以来，引起了人们的广泛关注。雾霾天气的出现向人们敲响了警钟。防治雾霾是全社会的共同责任。

知识库

雾是指在接近地球表面、大气中悬浮的由小水滴或冰晶组成的水汽凝结物。霾是指原因不明的因大量烟、尘等微粒悬浮而形成的大气浑浊现象。雾与霾是两种完全不同的天气现象，因为人们往往将二者一起作为灾害性天气现象进行预报，所以统称为"雾霾"。

▲ 雾霾中的城市

雾霾是对大气中各种悬浮颗粒物含量超标的笼统表述，尤其是 PM2.5（空气动力学当量直径小于等于 2.5 微米的颗粒物）被认为是造成雾霾天气的"罪魁祸首"。雾霾天气是一种大气污染状态，通常是多种污染源混合作用形成的。雾霾的源头有很多，比如汽车尾气、工业废气、建筑扬尘、垃圾焚烧，甚至火山喷发等，都会造成大气污染，进而形成雾霾天气。

▲ 工业废气排放

思辨台

1. 你知道雾霾是怎样产生的吗？
2. 雾霾会对我们的生活和健康产生哪些影响？
3. 我们能为防治雾霾做些什么？

 超链接

大气污染源主要包括：

★工业生产排放到空气中的各种污染物。

★城市中大量民用生活炉灶和采暖锅炉需要消耗大量煤炭，煤炭在燃烧过程中会释放大量有害物质污染空气。特别是在冬季供暖期，大气污染严重的地区往往烟雾弥漫，这也是一种不容忽视的污染源。

★汽车排放的尾气中含有大量污染物，能直接侵袭人的呼吸器官，是主要的大气污染源之一。

★火山喷发、森林火灾等灾害产生的烟雾也会造成大气污染。

 实践园

防治雾霾，净化空气，刻不容缓。对此你有哪些好建议？快用自己喜欢的方式向大家宣传吧。

出门戴上口罩，这样能更好地防雾霾。

4 保护水资源

 新发现　　水是生命之源，不仅养育了人类，还养育了地球上的其他生物。如今，水污染已经成为"世界性的灾难"。

知识库

水的重要性
◆水对气候的影响

水对气候具有调节作用。大气中的水汽能阻挡约 60% 地球辐射，保护地球不致冷却。海洋和陆地水体在夏季能吸收和积累热量，使气温不致过高，在冬季则能缓慢地释放热量，使气温不致过低。

海洋和地表中的水蒸发到天空中形成了云，云中的水落下来变成雨、雪等，落在地表的水渗入地下形成地下水，地下水又从地层里冒出来，形成泉水，经过小溪、江河汇入大海，形成水循环。

雨、雪等降水活动对气候具有重要影响。在温带季风性气候中，季风带来了丰富的水汽，形成明显的干湿两季。

此外，在自然界中，由于受不同气候条件的影响，水还会以冰雹、雾、露、霜等形态出现，并影响气候和人类活动。

云雾迷蒙的山水景色

◆水对地理的影响

　　地球表面有 71% 被水覆盖，从太空中遥望，地球是个蓝色的星球。地球表层的水体构成了水圈。水圈中的水包括地表水、土壤水、地下水、生物体内的水和大气中的水。地球上的水资源总量约 13.86 亿立方千米。

　　水在水循环系统中不断运动、转化，维持全球水资源的动态平衡，进行能量交换和物质转移。水能够侵蚀岩石土壤，冲淤河道，搬运泥沙，营造平原，改变地表形态。

▼ 秦淮河风光

◆水对生命的影响

水是地球上一切生命体生存必需的物质。地球上的咸水约占97%，淡水只有约3%。淡水的来源、节约、储存、利用是全球水资源保护的重要议题。

水有利于生物体内化学反应的进行，在生物体内还起到运输物质的作用。水对于维持生物体温的稳定起很大作用。以人类为例，在正常情况下，人体处于水分平衡状态，即从体外吸收的水量与排出体外的水量相当，人才能健康成长。人体如果缺水严重，会出现皮肤起皱、意识不清等状况，甚至危及生命。如果没有水，植物的呼吸作用、光合作用将不能正常进行，也就无法保持正常的形态。

总之，没有水，就没有生命。

水滋养植物 ▶

▼ 喝水可以补充水分

◆水对人类生活的影响

　　随着社会的不断进步，人们的生活水平不断提高，对水的需求越来越多。缺水会给我们的生活带来很多不便。从早起的刷牙洗脸，到白天的做饭洗衣，从生活用水到工、农业生产用水……试想，如果没有水，那样的日子该多么可怕。

生活用水

工业用水

水资源现状

◆淡水资源严重匮乏

虽然地球上的水资源总量巨大，但是能直接被人们生产和生活利用的，却少得可怜。地球上将近 70% 的淡水冻结在南极和格陵兰的冰盖中，其余的大部分是土壤中的水分或深层地下水，难以供人类开采使用。江河、湖泊、水库及浅层地下水等来源的水较易于人类开采使用，但其数量不足地球上淡水总量的 1%，约占地球上水资源总量的 0.007%。

海水又咸又苦，不能饮用，不能浇地，也难以用于工业生产。淡水是一种可以再生的资源，其再生性取决于地球的水循环。随着工业的发展，人口的增加，大量水体被污染。为抽取河水，许多国家在河流上游建造水坝，改变了水流情况，使水的循环、自净受到了严重的影响。

全球淡水资源不但短缺，而且地区分布极不平衡。按地区分布，巴西、俄罗斯、加拿大、中国、美国、印度尼西亚、印度、哥伦比亚和刚果等 9 个国家的淡水资源约占世界淡水资源的 60%。联合国粮农组织发布的《2020 年粮食及农业状况》报告显示：当前全世界约 32 亿人口面临水资源短缺问题，约 12 亿人生活在严重缺水和水资源短缺的农业地区。

▲ 干旱

水利部发布的 2020 年度《中国水资源公报》显示：2020 年我国水资源总量约为 3.16 万亿立方米，约占世界径流资源总量的 6.7%。我国又是世界上用水量最多的国家，2020 年全国用水总量为 5 812.9 亿立方米，占世界年取水量 12%。由于人口众多，目前我国人均水资源占有量为 2 500 立方米，约为世界人均占有量的 1/4，排名百位之后，被列为世界上人均水资源贫乏的国家之一。

另外，中国属于季风气候，水资源时空分布很不均匀，总体上看南多北少，其中北方 9 省区，人均水资源不足 500 立方米，属于水少地区。特别是近年来，城市人口剧增，生态环境恶化，用水技术落后，使原本贫乏的水资源"雪上加霜"。

 超链接

世界上淡水资源不足，已成为人们日益关心的问题。作为水资源的开源增量技术，海水淡化正在成为解决全球水资源危机的重要途径。随着技术的不断创新，海水淡化的成本也越来越低，有些国家海水淡化的成本已经降低到和自来水的价格差不多，某些地区的淡化水量达到了国家和城市的供水规模。

▼ 海水淡化设备

◆水体污染严重

人类的活动会使大量的工业、农业和生活废弃物排入水中，使水资源受到污染。目前，全世界每年约有 4 200 多亿立方米的污水排入江河湖海，污染了约 5.5 万亿立方米的淡水，相当于全球径流总量的 14% 以上。《中华人民共和国水污染防治法》为"水污染"下了明确的定义，即"水体因某种物质的介入，而导致其化学、物理、生物或者放射性等方面特性的改变，从而影响水的有效利用，危害人体健康或者破坏生态环境，造成水质恶化的现象"。

▲ 污水排放

水污染主要有两类：一类是自然污染；另一类是人为污染。当前对水体危害较大的是人为污染。水污染不但影响人类生活，危害人体健康，而且破坏生态环境，还影响工业生产，如加剧设备腐蚀、影响产品质量，甚至使生产无法进行下去。

★水污染危害人体健康

世界上 80% 的疾病与水有关。伤寒、霍乱、胃肠炎、痢疾、传染性肝炎等疾病，均由水的不洁引起。

水被污染后，水中的污染物通过饮食进入人体，使人急性或慢性中毒，甚至诱发癌症。被寄生虫、病毒或其他致病菌污染的水，会引起多种传染病和寄生虫病。被各种重金属污染的水，对人体健康均有危害。

★水的富营养化的危害

在正常情况下，氧在水中有一定溶解度。溶解氧不仅是水生生物得以生存的条件，而且氧参加水中的各种氧化还原反应，促进污染物转化降解，是天然水体具有自净能力的重要原因。

含有大量氮、磷、钾的生活污水的排放，使大量有机物在水中降解，释放出营养元素，促进水中藻类丛生，植物疯长，使水体通气不良，溶解氧下降，甚至出现无氧层，以致水生植物大量死亡，水面发黑，水体发臭，形成"死湖""死河""死海"，进而变成沼泽。这种现象称为水的富营养化。富营养化的水臭味大、颜色深、细菌多，这种水的水质差，不能直接利用。

水的富营养化严重破坏水生态系统。

★水污染对工、农业生产的危害

水被污染后，工业用水必须投入更多的处理费用，造成资源、能源的浪费。食品工业用水要求更为严格，水质不合格，会使生产停滞。农业使用污水，会污染大片农田，降低土壤质量，使作物减产，品质降低，甚至使人、畜受害。海洋污染的后果也十分严重，如石油污染，会造成海鸟和海洋生物死亡。

各国治理水污染的成功案例

◆英国

泰晤士河是英国的母亲河。工业革命的兴起及两岸人口的激增，使泰晤士河变得污浊不堪，水质严重恶化。20世纪50年代末，泰晤士河水的含氧量几乎为零。

20世纪60年代初，英国政府下决心全面治理泰晤士河。首先是通过立法，对直接向泰晤士河排放工业废水和生活污水做出严格的规定。有关部门还重建并延长了伦敦下水道，建设了450多座污水处理厂。目前，泰晤士河沿岸的生活污水都要先集中到污水处理厂处理后再排入泰晤士河。污水处理费用计入居民的自来水费中。经过20多年的整治，泰晤士河逐渐恢复了往日的风采。

▼ 泰晤士河风光

◆法国

法国注重以法制手段来规范各种水事和水资源管理行为。1964年2月16日，法国政府颁布了历史上第一部现代意义的水法——《关于水的制度、分配和污染防治的法律》，后经逐步修改、补充、完善，目前采用的是1992年1月3日颁布的水法（2001年修订）。该法对国家、流域、地方政府、用水户及水公司等所从事的所有水资源规划、水资源开发利用、污水处理及水资源保护等水事活动均有较为详细的规定。

根据1964年颁布的水法，法国将全国分成六大流域区，每个流域区都设有流域委员会和流域水务局，具体负责流域内的水资源规划和管理工作。对水量、水质、水工程、水处理等进行综合管理，是法国水资源管理成功的标志。法国颁布的一系列法令和制度使法国实行以流域为单元进行综合管理的设想变为现实，并使"谁污染谁付费"的原则得到贯彻落实，极大地促进了法国水资源的合理利用和水环境的保护。

根据法国1992年颁布的水法，所有人口数量超过2 000的市镇都必须建设污水处理厂。对2 000人以下的市镇，鼓励建设污水处理厂，政府除了提供一定的补助外，还提供一定的低息贷款。实际上有些人口数量少于2 000的市镇也建设了污水处理厂。目前，法国城市的污水处理率已达到95%以上。

◆多瑙河活力再现

多瑙河是欧洲第二长河。它流经 9 个国家，是世界上干流流经国家最多的河流。20 世纪 70 年代，多瑙河流域因为大量工业与生活污水的排入，成了一条国际性的"黑河""臭河"。

1985 年，多瑙河沿岸各国在罗马尼亚首都布加勒斯特举行了发展多瑙河水利和保护水质的国际会议，签署了《布加勒斯特宣言》。此后，沿岸各国加强合作，协调行动，为更合理地利用多瑙河水资源而做出努力。1994 年，多瑙河流域各国在保加利亚首都索非亚签署了《多瑙河保护与可持续利用合作公约》。后又在布加勒斯特召开沿河各国环境部长会议，通过了治理多瑙河的计划：要求各国减少向多瑙河排放的污水量，改善干支流的水质（包括污染严重的黑海），实施沿岸地区区域合作，建立污染监测系统；对沿岸国家的 170 多家污废水处理厂进行调查，对其中急需更新的，投入资金进行改造。1998 年，成立了多瑙河保护国际委员会，负责保障《多瑙河保护与可持续利用合作公约》的顺利实施和整个多瑙河流域水资源的协调管理。

如今的多瑙河河水清澈，大量水鸟在河中嬉戏，河底的水草与卵石依稀可见，可以称得上世界江河治理的成功典范，其经验和做法值得借鉴。

▼ 多瑙河风光

◆中国

治理水污染，保护水资源是我国的基本国策。经过多年的努力，我国水环境质量总体保持持续改善势头，并积累了一定的经验。生态环境部于2021年开展的美丽河湖、美丽海湾优秀案例征集活动，在一定程度上反映了我国水污染治理的成效。

美丽河湖　生态红旗

在被誉为大连市城市绿肺、生态屏障的甘井子区红旗街道的西郊国家森林公园内，大连的母亲河马栏河从此发源，流经市内两区，向南注入黄海。

自1995年开始，大连市政府先后7次对马栏河实施较大规模的治理工程，使马栏河水质和周边环境得到极大改善。尤其是2006年以来，红旗街道在市、区政府的支持下，先后投资6亿元改造马栏河流域的大西山水库和王家店水库及上游河道，将两座水库沿岸的污水排入市政管网，实现了雨污分流，使水库的水质达到了地表水Ⅲ类标准。经过治理，马栏河呈现出"水更清、岸更绿、景更美"的生态画卷。

多彩清江　山水画卷

清江是长江在湖北省内的第二大支流，是湖北省乃至长江中下游重要的生态屏障，也是流域各族人民的母亲河。

湖北省高度重视清江流域水生态环境保护工作，着力从法律、规划、机制、治理、修复等方面强化清江流域水生态保护。清江流域一方面实施退耕还林、封山育林等生态保护工程改善流域生态环境，另一方面对流域内污染企业实行"关改搬转"政策，从源头上杜绝生态环境破坏行为，沿岸各族人民为保护清江生态环境做出巨大牺牲。经过各方的不懈努力，"十三五"期间，清江流域考核断面水质优良比例达100%，2020年水质为Ⅰ类或Ⅱ类水质；县级以上饮用水水源地水质达标率为100%；黑臭水体全部完成整治。如今的清江已成为名副其实的安澜之河、富民之河、宜居之河、生态之河、文化之河。

思辨台

1. 你身边有严重的水污染现象吗？

2. 社会进步、经济发展离不开水。在水资源严重匮乏的今天，你是怎样看待"用水多就是社会进步的表现"这一说法的？

 环保行

在老师或家长的指导与帮助下，或自发组成调查小组，对当地的污水处理情况进行一次调查，并将调查结果填写在调查表中。

调查表

组长		组员	
调查时间		调查地点	
调查内容			
调查过程			
结论			
建议			

5 保护土地资源

 新发现

　　土地是人类的基本生产资料和劳动对象，是人类赖以生存的物质基础。没有土地，社会经济发展就无从谈起。土地资源的保护已成为影响人类可持续发展的世界性重大问题。

🏠 知识库

土地的重要地位

◆对生命的影响

　　古人云，天为父，地为母。大地，如母亲般孕育着生命，给世间带来生机。因为有了土地，我们才有了汲取养分的来源，才有了不息的生命，才有了缤纷美丽的世界。

土地是食物的诞生之所 ▶

人类摄取蛋白质的主要途径有两个，即植物和动物，但究其根本还是植物。而植物生长不可或缺的一个条件便是土地。土地条件恶化将会影响植物生长，并将直接或间接导致食物短缺。再加上土地沙化对气候的负面影响，整个生态系统和生存条件都会受到冲击，所带来的严重后果不可想象。

▲ 农牧业用地沙漠化

◆对气候的影响

　　土地的水蚀和风蚀现象严重，荒漠化程度日益加重，使土地资源的养护和恢复工作受到世界各国的重视。土地荒漠化对气候造成的直接影响便是沙尘天气。沙尘天气是一种灾害性天气现象，有着巨大的破坏力，给世界国家和人民带来的危害都是巨大的。沙尘天气是特定的气象条件和特殊的地质地理条件下的产物，通常发生在干旱地区、半干旱地区、荒漠化地区和农牧交错带，在我国古代史书中早有记载。

　　地势的高低、起伏、分布、类型以及山坡方向也会对气候产生影响。比如：由于受青藏高原地势高的影响，那曲地区冬季温度特别低；而同纬度长江中下游平原的南京地区则温度较高。这一现象说明地形的差异对气候会产生一定的影响。山地的迎风坡和背风坡的气温与降水也有明显的差异。暖湿气流在山地的迎风坡被迫抬升，容易成云致雨；背风坡因空气下沉，气温升高，降水较少。因此，山地的迎风坡比背风坡多雨，向阳坡比背阳坡气温高。比如，我国长白山地区这种现象就十分明显。

▲ 南京冬天的温情

▼ 那曲

土地资源现状

◆耕地减少，土地资源严重退化

随着世界工业化进程速度加快，城市化水平不断提高，基础设施建设、城镇建设等需要相当多的土地资源。土地资源利用方式不合理，给土地资源的保护带来了困难。耕地被侵占导致可耕种土地减少，尚未开垦的土地已无太大的开发潜力，迫使人们将目光转向草原、森林。人们盲目地毁林开荒，使森林、草地、沼泽和滩涂等类型的土地面积不断减小。

此外，土地资源严重退化。土地资源退化，主要表现为地力衰退、水土流失、土壤盐渍化、土地沙漠化以及土壤污染。种种原因使土地资源保护面临着严峻挑战。

因此，对土地资源需要合理利用，也需要采取正确的保护方式。

◆土壤污染加剧

随着工业的迅猛发展，固体废物不断向土壤表面堆放和倾倒，有害废水不断向土壤中渗透，大气中的有害气体及飘尘也不断随雨水降落在土壤中，加剧土壤污染程度。

土壤由于自身的特性，能够接纳一定的污染物，具有缓和和减少污染的自净能力。但土壤不易流动，自净能力是十分有限的。当土壤中的有害物质过多，超过了土壤的自净能力时，会引起土壤的组成、结构和功能发生变化，抑制微生物活动，有害物质或其分解产物在土壤中逐渐积累，造成土壤板结、肥力降低、土壤被毒化等严重后果。经过雨水淋溶，土壤中的污染物会渗入地下水或地表水，造成水质的污染和恶化。在受污染的土壤上生长的作物，吸收、富集土壤污染物后，会通过食物链进入人体，对人体健康造成危害。

凡是妨碍土壤正常功能，降低作物产量和质量，并且通过粮食、蔬菜、水果等间接危害人体健康的物质，都是土壤污染物。土壤污染物的来源广、种类多，按性质主要分为化学污染物、物理污染物、生物污染物和放射性污染物等。

化学污染物包括无机污染物和有机污染物。无机污染物包括汞、镉、铅、砷等重金属以及过量的氮、磷等植物营养元素以及氧化物、硫化物和氟化物等；有机污染物包括各种化学农药、除草剂、洗涤剂、石油及其裂解产物以及酚类等有机物。

物理污染物主要包括来自工厂、矿山的固体废弃物，如尾矿、废石、粉煤灰和工业垃圾等。

生物污染物包括带有各种致病菌的城市垃圾，由卫生设施排出的废水、废物，以及厩肥等。

放射性污染物主要存在于核原料开采和大气层核爆炸地区，以在土壤中生存期长的放射性元素为主。

土地资源分类
◆地形分类法

按地形，土地资源可分为高原、山地、丘陵、平原、盆地。这种分类展示了土地利用的自然基础。一般而言，山地宜发展林牧业，平原、盆地宜发展耕作业。

◆土地利用类型分类法

按土地利用类型，土地资源可分为：已利用土地，如耕地、林地、草地、工矿用地、交通用地、居民点用地等；宜开发利用土地，如宜垦荒地、宜林荒地、宜牧荒地、沼泽滩涂水域等；暂时难利用土地，如戈壁、沙漠、高寒山地等。这种分类着眼于土地的开发和利用，着重研究土地利用所带来的社会效益、经济效益和生态环境效益。评价已利用土地资源的方式、生产潜力，调查分析宜利用土地资源的数量、质量、分布以及进一步开发利用的方向、途径，查明目前暂不能利用土地资源的数量、分布，探讨今后改造利用的可能性，将对深入挖掘土地资源的生产潜力与合理安排生产布局，提供基本的科学依据。

▼ 玉龙雪山

超链接

各国保护土地资源的有效措施

◆中国

1986 年 6 月 25 日，中国第一部专门调整土地关系的法律《中华人民共和国土地管理法》正式颁布。从 1991 年起，每年的 6 月 25 日被定为全国土地日，这是国务院确定的第一个全国纪念宣传日，中国也成为世界上第一个为保护土地而专门设立纪念日的国家。

耕地是中国最为宝贵的资源，中国人多地少的基本国情，决定了必须把关系十几亿人吃饭大事的耕地保护好，决不能有闪失，"要像保护大熊猫一样保护耕地"。为了更好地保护耕地，国家对永久基本农田进行了全面划定并实行特殊保护，各地坚守耕地红线、节约集约用地的意识明显增强，耕地保护稳步推进。

保护土地资源，是推进生态文明建设的重要部分。中国生态文明建设和生态环境保护既面临前所未有的挑战，又面临难得的历史机遇，打好污染防治攻坚战的机遇大于挑战。"净土保卫战"作为其中的一场重点"战役"，受到党和国家高度重视。《中共中央 国务院关于全面加强生态环境保护 坚决打好污染防治攻坚战的意见》对"净土保卫战"做出了具体指示，从"强化土壤污染管控和修复""加快推进垃圾分类处理""强化固体废物污染防治"三个方面进行全方位部署。

打好"净土保卫战"

◆美国

美国是世界上较早实施土地用途管制的国家。20世纪50年代前，侧重土地使用的容积和密度管制，在控制各种公害的发生源，保障日照、通风、保护环境等方面发挥了重要作用。20世纪50年代后，侧重城市规模和农地保护。工业发展、环境污染、生态平衡破坏等成为美国政府关心的重点。为此，美国各州通过法律要求地方政府根据本地的经济发展状况和土地利用现状，划定城市增长线，采取分期分批发展、建筑许可总量控制等措施来控制城市发展规模，保护优质农地。

全民监督以利"合理用地"

◆法国

法国《建筑法》规定，房屋主人或建筑开发商在改造房屋外观或建造新房之前，必须将相关材料送所在市（镇）政府所辖的城市规划事务处审批，以取得开工证。城市规划事务处在将有关材料送相关部门审批的同时，还在改建或新建建筑所在地树立标牌，写明工程的内容和范围，接受民众监督。在两个月时间里，周围居民有权向市政部门就该工程提出自己的意见，甚至要求停止施工，这在法律上称为"第三方诉讼"（土地所有者和建筑工程队是一项工程的两个主要方面，第三方则通常指周围居民）。城市规划事务处在接到诉讼请求后须尽快研究其合理性，并将研究结果作为是否批准施工的重要依据。如果一个地区的大部分民众对一项工程持反对意见，该工程往往会被视作"问题工程"而遭到禁止。

1. 你的身边存在破坏土地资源的现象吗？

2. 人的生存发展离不开土地。你如何看待"城市化进程越快，社会越进步"这一说法？

3. 你平时可以做哪些事情以减少对土地的污染呢？整理一下，和伙伴们一起分享吧。

 环保行

在老师或家长的指导与帮助下，或自发组成调查小组，对当地的土地资源情况进行一次调查，并将调查结果填写在调查表中。

调查表

组长		组员	
调查时间		调查地点	
调查内容			
调查过程			
结论			
建议			

6 远离"白色污染"

新发现

我是一名小学生，也是一个普通的小区居民。我发现居民丢弃的塑料袋、泡沫板被风吹得到处都是。这种"白色污染"严重破坏了小区的环境。我希望小区所有居民能一起来杜绝"白色污染"，共同爱护小区环境。

▲ 绿地上的塑料袋

▼ 随意堆放的泡沫板

知识库

塑料袋是人们日常购物时普遍使用的包装物。它色彩鲜艳，重量轻，经济耐用，给人们的生活带来了许多方便，但其滥用也给生态环境带来了极大的危害。人们把难降解的塑料垃圾给生态环境带来的污染形象地称为"白色污染"。

"白色污染"是指城乡垃圾中或散落各处的不可降解的塑料废弃物对环境的污染。这些塑料废弃物主要包括塑料袋、塑料包装、一次性聚丙烯快餐盒、电器发泡填充物、塑料饮料瓶、塑料酸奶杯等。

 实践园

◆计划与组织

我们可以采用什么方法去探究生活中"白色污染"的危害呢?

去图书馆
查阅资料

采访环保部门
工作人员

去工厂
调查

还可以 _____。

为了保证探究活动的顺利进行,制订活动计划时应该主要考虑哪些方面呢? 让我们分成几个小组进行商议,并做好记录。

绘制表格,一边
讨论,一边记录。

推选组长,
合理分工。

考虑开展活动
应采用的方式。

想一想应
查阅哪方面的
资料。

小组活动计划表

活动主题		小组课题	
组长		组员	
活动目的			
预期成果及表现方式			
活动过程			

◆实践与思考

活动任务：通过实验探究"白色污染"的特性。

活动准备：塑料袋、塑料餐盒、酒精灯、带土的花盆、水、试管、酸性溶液、碱性溶液、汽油、酒精。

实验记录表

实验号	实验方法	实验结果	结论
实验一	用酒精灯加热塑料袋、塑料快餐盒		
实验二	将小块的塑料袋、塑料快餐盒等，分别掩埋在三个花盆里，盖好土后，将其中的一个花盆浇透水，15天后再进行观察		
实验三	将塑料袋、塑料快餐盒粉碎后放入试管，然后分别倒入酸性溶液、碱性溶液、汽油、酒精		

超链接

治理"白色污染"有妙招

★向人们宣传"白色污染"的危害，呼吁全社会增强环保意识。

★不乱扔垃圾。

★正确进行垃圾的分类、回收。

★增设专用垃圾箱，放在"白色污染"严重的地方，如小卖部、餐饮部门口。

★设计环保标志，张贴在"白色污染"严重的地方。

★尽量减少用塑料袋包装物品，并杜绝使用一次性发泡餐具。

实验时要注意安全。活动结束后，要将剩余的实验材料进行分类清理、合理处置，以免污染环境。

 环保行

活动任务：到校园、社区或农贸市场，呼吁大家行动起来，共同杜绝"白色污染"。

活动准备：A4 纸、彩笔、双面胶、剪刀、＿＿＿＿＿＿ 等。

组成小组展开讨论，选择合适的活动形式，制订可行的宣传方案，开展一次以"远离'白色污染'"为主题的环保宣传活动。

宣传方案

宣传主题：

宣传口号：

宣传方式：

 展评窗

"远离'白色污染'"主题活动结束了，你在活动中表现得怎么样？请总结一下你的活动表现吧。

活动评价表

评价内容	自己评价	他人评价
积极参与活动，善于沟通，与同伴合作默契	☆ ☆ ☆ ☆ ☆	☆ ☆ ☆ ☆ ☆
掌握设计调查问卷及整理、分析数据的方法	☆ ☆ ☆ ☆ ☆	☆ ☆ ☆ ☆ ☆
善于发现问题，并能提出解决问题的方法	☆ ☆ ☆ ☆ ☆	☆ ☆ ☆ ☆ ☆
动手能力强，能完成实验操作和作品的制作	☆ ☆ ☆ ☆ ☆	☆ ☆ ☆ ☆ ☆

活动心语

噪声与环境

 新发现

随着时代的发展和社会的进步，在物质文明不断提高的同时，人们对生活品质的要求也越来越高。在此情况下，噪声污染的危害愈发被人们所关注和重视。

 知识库

何为噪声？

声音由物体振动引起，以波的形式在一定的介质（如固体、液体、气体）中进行传播。而噪声是一种没有一定规律而偶然相结合的混乱杂声，是人们不需要的声音。从生理学角度来看，凡是干扰人们休息、学习和工作的声音，即不需要的声音，统称为噪声。

当噪声对人及周围环境造成不良影响时，就形成了噪声污染。在人类文明越发进步的今天，噪声污染对人们日常生活的不良影响逐渐受到人们的关注。

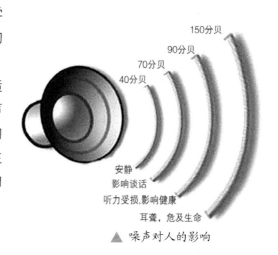

▲ 噪声对人的影响

噪声的分类

噪声按声源的物理特性可分为气体扰动产生的噪声、固体振动产生的噪声、液体撞击产生的噪声以及电磁作用产生的噪声。

噪声按声音的频率可分为小于 400 赫兹的低频噪声、400～1 000 赫兹的中频噪声以及大于 1 000 赫兹的高频噪声。

噪声按时间变化的属性可分为稳态噪声、非稳态噪声、起伏噪声、间歇噪声以及脉冲噪声等。

噪声有由自然现象引起的，也有人为造成的。因此，噪声也分为自然噪声和人造噪声。

除了上述分类，噪声还可以按来源、波长等来分类。

城市噪声的来源

城市噪声的来源主要有交通噪声、工业噪声、建筑噪声和社会生活噪声等。

◆交通噪声

城市中数量众多的机动车所发出的刺耳声音，使交通噪声成为城市噪声的主要来源。交通噪声也包括船舶、地铁、火车、飞机等发出的扰人声音。

▲ 公路上有噪声

◆工业噪声

如果生活在大型工厂附近，很有可能会被工厂中各种设备运行时所发出的声音搅扰得心神不宁，这类噪声被称为工业噪声。工业噪声的强度一般较高，会对工人及周围居民的健康带来较大的不良影响。

◆建筑噪声

建筑噪声主要来源于建筑机械。建筑噪声的特点是强度较大，且多发生在人口密集地区，严重影响人们的生活。

◆社会生活噪声

在不合适的时间或地点使用家用电器、音响设备，或者在体育比赛、娱乐场所、商场超市等进行某种社会活动，都会给周围环境带来噪声污染。这类噪声会直接与人们的日常生活产生联系，如影响休息等。即使噪声等级并不高，也容易使人恼火发怒。

噪声的特性

噪声是一种危害极其广泛的公害，具有公害的特性。同时，噪声作为声音的一种，也具有声学特性。

▲ 商场中有噪声

◆噪声的公害特性

噪声没有特定的污染物，也就是说噪声虽然在空气中传播，但并未给周围环境留下实质的毒害性物质。此外，短时间的噪声并不会对环境造成叠加危害，其传播距离也比较有限。虽然噪声的声源分布较广，但是只要声源停止振动，噪声污染便随之结束。因此，噪声被归为感觉性公害，难以集中处理，需要用特殊的方法进行控制。

◆噪声的声学特性

从物理学角度来看，噪声也是一种声音的传播方式，它具有一切声学的特性和规律。噪声对环境的影响和它的强度有关，噪声越强，影响越大。

噪声污染的危害

噪声污染对人、动物、仪器仪表以及建筑物等均可构成危害，其危害程度主要取决于噪声的频率、强度及在噪声环境中暴露的时间。

◆噪声损伤听力

噪声对人体最直接的危害就是造成听力损伤。在强噪声环境中暴露一段时间，人就会出现双耳难受、头痛、烦躁等症状。此时如果能够尽快撤离噪声环境，到安静的场所获得充分的休息和放松，噪声所产生的不良影响会渐渐消除，受损的听力也会逐渐恢复正常。这种被噪声污染影响所产生的现象被称为暂时性听阈偏移，也叫听觉疲劳。需要注意的是，如果人们长期暴露在噪声环境中，听觉疲劳得不到有效缓解和恢复，暂时性听觉器官受损就会演变成器质性病变，这被称作永久性听阈偏移，也叫噪声性耳聋。此外，还有一种更为严重的损伤被称为爆震性耳聋。这是由于人体突然暴露于极其强烈的噪声环境中，听觉器官发生急剧外伤，引起鼓膜破裂出血，中耳听骨骨折，基底膜撕裂等，甚至使人耳完全失去听力。

有研究表明，噪声污染是引起老年性耳聋的一个重要原因。此外，听力损伤也与生活的环境及从事的职业有关。比如，农村老年性耳聋发病率较城市低，纺织厂工人、锻工及铁匠与同龄人相比听力损伤更严重。

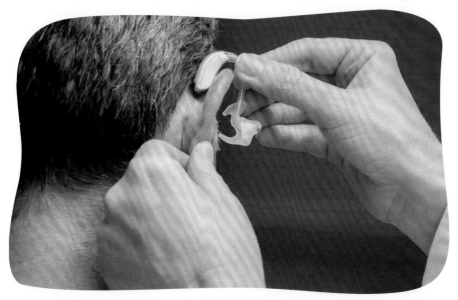

▲ 使用助听器

◆噪声干扰正常生活和工作

人在睡梦中如突遇噪声，听觉遭受噪声刺激，会导致多梦、易惊醒、睡眠质量下降等后果，严重影响人的睡眠质量。

噪声也会干扰人的谈话、工作、学习，使人反应迟钝，容易疲劳，烦躁不安。实验表明，每当人受到一次突如其来的

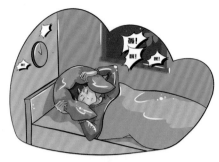

▲ 噪声影响睡眠

噪声干扰，就要丧失约 4 秒的思想集时间。据统计，噪声会使劳动生产率降低 10% ~ 50%。此外，在一定情况下，噪声还会干扰交通运输中的安全信号，如报警信号和车辆行驶信号等，容易引发交通事故。

▲ 噪声容易引发交通事故

◆噪声诱发多种疾病

噪声的一大特点是能够通过听觉器官直接刺激大脑中枢神经，其结果是把对人体的影响和危害传导到全身各个器官。因此，虽然噪声表象上影响的只是听觉器官，但是实际上危害的是整个人体系统。从人在噪声环境中所出现的头痛、脑涨、耳鸣、失眠、全身疲乏无力以及记忆力减退等征状就可见一斑。对需要长期在高噪声环境下工作群体的调查显示：这部分群体与在正常环境或低噪声环境中工作的人们相比，更容易患心血管系统疾病，高血压、动脉硬化以及冠心病的发病率要高出 2~3 倍。噪声污染还可能导致人体内分泌机能紊乱，引起消化不良、食欲不振、恶心呕吐等，甚至影响胎儿的正常发育。

噪声的防治

◆加强交通噪声污染防治

近年来，我国对于防控来源于交通方面的噪声污染给予了政策性指导，并发布了《地面交通噪声污染防治技术政策》。为了更好地落实这些政策，我们应该多观察交通噪声污染的来源及特点，同时结合实际给予解决。如在居民居住的区域若有高架路、快速路、高速公路、城市轨道等交通设施，应在道路两旁配套建设隔音屏障，并实施禁鸣、限行、限速等措施。还应注意机场周边噪声污染防治工作，减少航空噪声对周边居民的影响等。

◆强化施工噪声污染防治

对于建筑施工现场的噪声，我国有明确的《建筑施工场界环境噪声排放标准》法规予以规范，相关部门和单位应该严格执行。此外，还有很多相应的管理措施。在日常检查中，应该加强施工噪声排放申报管理，实施城市建筑施工环保公告制度。对于会影响人们正常学习、生活的敏感施工区域，相关部门应依法限定施工作业时间，并给出相应的限制条件。实施城市夜间施工审批管理，推进噪声自动监测系统对建筑施工进行实时监督，鼓励使用低噪声施工设备和工艺。

◆推进社会生活噪声污染防治

严格执行《社会生活环境噪声排放标准》，禁止商业经营活动在室外使用音响器材招揽顾客。严格控制加工、维修、餐饮、娱乐、健身、超市及其他商业服务业噪声污染，有效治理冷却塔、电梯间、水泵房和空调器等配套服务设施造成的噪声污染，严格管理敏感区内的文体活动和室内娱乐活动。积极推行城市室内综合市场，取缔扰民的露天市场或马路市场。对室内装修进行严格管理，明确限制作业时间，严格控制在已竣工交付使用的居民宅楼内进行产生噪声的装修作业。加强中、高考等国家考试期间的绿色护考工作，为考生创造良好的考试环境。

全城降噪 安静护考

▲ "降噪护考"宣传画

◆深化工业企业噪声污染防治

贯彻执行《工业企业厂界环境噪声排放标准》，查处工业企业噪声排放超标扰民行为。加大敏感区内噪声排放超标污染源关停力度，各城市应每年关停、搬迁和治理一批噪声污染严重的企业。加强工业园区噪声污染防治，禁止高噪声污染项目入园区。开展乡村地区工业企业噪声污染防治工作。

噪声的利用

虽然噪声是一大公害，但是如果科学合理地加以利用，它还是能够发挥很多积极作用的。

◆噪声除草

根据不同植物对不同形态噪声的刺激感知度的不同，人们制造出了利用噪声来除草的机器。它的原理是用噪声使土壤中的杂草种子提前萌发，这样人们就很容易把早早长出来的杂草"一网打尽"，从而保证作物的正常生长。

◆噪声诊病

噪声是导致很多疾病的罪魁祸首，不过对噪声加以利用，反而能让它成为治疗疾病的工具，达到美妙音乐所能达到的相同效果。这是不是很神奇呢？这是一种激光听力诊断装置，主要由光源、微型噪声发生器和电脑三部分组成。使用时，先由微型噪声发生器产生微弱短促的噪声，振动耳膜，然后电脑就会根据回声把耳膜功能的数据显示出来，以供医生诊断。它测试迅速，不会损伤耳膜，没有痛感，特别适合儿童使用。

◆噪声可抑制癌细胞的生长速度

科学家将培养皿中的癌细胞置于微型扬声器发出一定规律声音的环境中，结果发现，癌细胞的生长速度比在正常条件下慢了约 20%。为了验证结论的可靠性，科学家做了多项对比实验，结果确切表明：正是"拥有一定音色、音量、速度、声脉冲和时间间隔的普通声音"，也就是某种噪声起到了抑制癌细胞生长速度的作用。人们期待这一发现能为治疗癌症开辟一条新的途径。科学家也在考虑进行利用可控声音刺激法抑制癌细胞生长的大规模实验，以进一步验证这一发现的可靠性及可利用的价值。

◆噪声可测量温度

科学家发明了利用噪声测量温度的新型温度计。这种仪器能在室温和 –272.15 摄氏度之间进行准确测量。它由中间隔有一段氧化铝的两层铝制成，其工作原理是：对仪器施以电压，产生的电子穿过中间的隔层，从而形成了电流。电压磁场和噪声音量之间的关系，或者说磁差，在电流中是根据温度改变的。因此，只要知道所施加的电压，这个被称为采集噪声温度（SNT）的仪器就能够测出温度。研究人员描述其精确性极高，甚至是普通温度计的 5 倍。而其设计原理又保证了这种温度计的特性：因为电压、噪声和温度之间的关系只依赖于最基本的物理恒量而并不需要外部校准。此外，这种温度计的准确测温范围也要比普通温度计大很多，从而促使研究人员设想将"SNT"用于更为广泛的领域。

思辨台

1. 你能感觉到周围的噪声污染吗？试举例谈谈噪声给你带来的困扰。

2. 关于治理噪声污染，你有哪些想法？和伙伴们交流一下吧。

 实践园

从自身做起，减少噪声污染。

★不在公共场所大声喧哗，避免成为噪声源。

★建议身边的驾驶人员在开车时尽量少鸣笛。

★在夜晚休息时间，不制造噪声，要小声说话，调低电视音量等。

▲ 防治噪声污染

保护"地球之肺"

 新发现　森林是陆地上长满树木的区域。世界上森林分布范围相对广阔，2020 年全球森林面积约占土地总面积的 31.2%。森林对维系地球的生态平衡起着至关重要的作用，被誉为"地球之肺"。

 **知识库**

森林的功能

森林不仅为人类提供木材、燃料和其他用品，还可以净化空气，增大空气湿度，调节气候。此外，森林凭借发达的根系，能够牢牢地"抓"住土壤，起到保持水土的作用。

森林能调节生物圈的二氧化碳和氧气的平衡。处于生长季节的阔叶林，每公顷每天大约能吸收 1 吨二氧化碳，释放 730 千克氧气。

森林

森林可以净化空气。森林枝叶茂密，湿度较高，能吸附油烟、灰尘，还能吸收二氧化硫等有毒气体。比如：每公顷油松林一年可吸尘约 36.4 吨；夹竹桃、梧桐、槐树等能吸收二氧化硫；松树针叶分泌的杀菌素可杀死白喉杆菌和结核杆菌。据测定，绿化区每立方米空气中的细菌含量仅为闹市区的 15%。

森林可以减低噪声。森林是一个天然的"消声器"，巨大的噪声经过一片森林后，再传到我们耳朵里就已经非常微小了。在这个"消声器"里，起最大作用的其实是树叶。当噪声穿过森林时，树叶就能"吸收"一部分噪声。这样，噪声通过森林后，音量就比原来小了，人们受到的危害也随之减小。30 米宽的林带可降低噪声 6 ~ 8 分贝，在行道树之间种植灌木，防噪声效果更佳。

在行道树之间种植灌木，可以有效降噪。

森林可以涵养水源，保持水土。茂密的树冠能截留雨水，树下的枯枝落叶层能缓冲雨水对地表的冲击力，促进水的渗透，减少和节制地表径流，有利于涵养水源。据测定，1 公顷林地比裸地至少多蓄水 3 000 立方米，1 万公顷森林的蓄水量相当于一座库容为 1 000 万立方米的水库。森林还能有效防止水土流失。研究发现：裸地的土壤侵蚀剧烈，而林地仅为微度或轻度侵蚀；裸地的地表径流量最大，而林地的地表径流量仅为裸地的 6.9%。

森林还能调节气温、降低风速、增加降雨量。

破坏森林的后果

一个地区的森林覆盖率若高于30％，而且分布均匀，就能相对有效地调节气候，减少自然灾害。联合国粮农组织发布的《2020年全球森林资源评估》报告指出：自1990年至今，全球森林面积持续缩小，净损失达1.78亿公顷。破坏森林会产生一系列严重后果。

▲ 森林火灾

▲ 水土流失严重

◆水土流失

森林被砍伐后，裸露的土地经不起风吹雨打日晒：晴天，由于太阳曝晒，地面温度升高，有机物分解为可溶性矿质元素的进程加快；雨天，雨水直接冲刷，把肥沃的地表土连同矿质元素带进江河。据估计，我国每年约有50亿吨土壤被冲进江河。

◆流沙淤积，堵塞水库河道

如果河流上游植被遭到破坏，地表径流增多，会使大量泥沙下泄，淤积下游河道。以黄河为例，黄河水中的含沙量居全球之首，洪水期到来时，洪水中水、沙含量各占一半。由于流沙淤积，黄河下游有些地方的河床比堤外土地高出10多米，甚至比开封市的城墙还高，严重威胁人民的生命和财产安全。

◆环境恶化，灾情频繁

森林覆盖率高的地区，由于有森林的调节作用，洪水、干旱等自然灾害较少发生。而有些地区，人为破坏使森林覆盖率下降，致使自然灾害频发。森林被毁，一些珍稀动物也失去了繁衍之地，难以生存。比如，我国的海南坡鹿、华南虎、黑冠长臂猿等珍稀动物都因生存环境遭到破坏而濒临灭绝。

 **超链接**

据估计，自1990年以来，全球共有4.2亿公顷森林遭到毁坏，2015年至2020年间，全球每年森林砍伐量约为1 000万公顷，几乎相当于一个韩国的面积。不过，人们已经越来越意识到保护森林资源的重要意义，许多国家都采取了大幅减少森林砍伐、大规模植树造林的措施，如今森林消失速度已显著放缓。

▲ 中国植树节标志

 实践园

保护森林是每一名青少年应尽的义务，通过本专题的学习，结合自己的实际体会，召开一次以"保护森林"为主题的班会。

保护森林从身边小事做起

1. 节约用纸，提倡一纸多用，用完一面的纸可以再将另一面用作草稿纸或书法练习纸。

2. 尽量少用或不用纸质贺卡。因为很多精美的纸质贺卡是以木材为原料制作的，所以提倡利用废旧纸张自制贺卡，既别致，又环保。

3. 开展"减卡救树"活动，把买贺卡的钱省下来用于植树，为地球多增添一抹绿色。

4. 杜绝使用一次性木筷。生产一次性木筷会浪费森林资源，因此，鼓励使用消毒竹筷或自备筷子，为保护森林资源尽一份力。

1. 你是怎样理解"森林资源是可再生资源，可以任意使用"这一说法的？

2. 结合自身实际说一说，你能为保护森林资源所做的事情。

环境警告牌

人类发展与森林

人类虽然年年呼吁保护森林，然而森林面积却年年锐减。这看似矛盾，但实则有因果关系。我们需要森林的庇佑，更需要森林的付出。人类追求社会进步和经济发展，这本无可厚非，但有些人却为了眼前的利益而向森林肆意索取。专家警告：只要人类仍被这种不负责任的态度和功利心所驱使，森林就难以摆脱目前的厄运。

 环保行

分小组深入街道、企事业单位、公共场所，向人们宣传保护森林资源、关爱生态环境的重要性。

9 争当环保达人

新发现

生态环境保护是关系国计民生的大事。人们不仅要培养环保意识，还要将环保意识落实到行动中，争当环保达人。

不做噪声的制造者

人们通常将主观上不需要的声音称为噪声。声音的强度一般用"分贝"来计量，适于人生活的环境噪声不宜超过 45 分贝， 70~90 分贝的噪声属于吵闹， 100~120 分贝的噪声会使人感到不适。

噪声对人类的危害是多方面的，主要表现为损伤听力、干扰睡眠、影响人体的生理和心理机能。因此，在日常生活中，要讲文明，不主动制造噪声，以免干扰他人。

实践园

★提醒爸爸妈妈开车时不要乱鸣笛。尖厉的鸣笛声会刺激人的耳膜，有损健康。

★在校园、教学楼和各种公共场合，保持安静，不高声喧哗。

★平常看电视、听音乐、唱卡拉 OK 的时候，将音量调小些，以免对他人造成影响。

节约用纸

木材是造纸的原料之一，中国造纸协会调查资料显示：2020 年我国纸浆消耗总量中，国产木浆约占 15%。造纸生产会消耗大量的木材，还会排出大量废水污染河流。节约用纸就是保护森林资源和水资源。

 实践园

★节约使用练习本，并坚持用完，不要用了几页就扔掉。

★提倡循环使用部分课本。这样既有利于节约资源，又有利于培养青少年爱护书本的好习惯。

★倡导商家使用简单包装、绿色包装，避免使用过度的"套娃式"包装。

★不用或少用贴膜纸张、一次性水杯、饮料纸包装等不可循环再利用的纸制品。购买纸张时，尽量选择再生纸。

★做好垃圾分类，把废纸壳、废书本、废报刊等集中回收，实现再利用。

★用过一面的打印纸，其背面可以用作草稿纸、便条纸，或自制成笔记本使用。

★减少购买纸质贺卡，尽量以电话、电子邮件、电子贺卡或手机短信等形式表达心意。

向一次性用品说"不"

人们在日常工作、生活中使用一次性用品的现象非常普遍。一次性用品虽然在一定程度上为人们带来了便捷，但它所产生的危害更应引起人们足够的重视。

一次性用品的生产需要消耗大量资源，还会带来大量废弃物，造成"白色污染"。因此，节约资源，保护环境，减少使用一次性用品是每个人的责任。

 实践园

★不使用不可降解的杯子、资料袋等用品，提倡自备水杯或使用可降解的杯子，减少使用一次性办公用品、文具等。

★减少使用一次性餐具、保鲜膜、购物袋等用品，不购买、不销售、不使用不可降解的餐具、桌布等一次性塑料用品。

★外出旅行或出差时，减少使用一次性牙膏、牙刷、梳子、沐浴露等用品，提倡自带洗漱用品，不使用不可降解的其他用品。

★践行垃圾分类，倡导资源的回收利用。

★向周围人宣传一次性用品的危害，号召人们减少使用一次性用品，为地球"减负"。

保护野生动植物

自然界是由许多复杂的生态系统构成的，野生动植物是生物圈的重要组成部分。一种植物消失了，以这种植物为食的昆虫就会消失；一种昆虫灭绝了，捕食这种昆虫的鸟类就会饿死；鸟类的死亡又会对其他动物的食物来源产生影响。因此，野生动植物的灭绝会引起一系列连锁反应，并产生严重后果。和谐的自然界是一个完整的生物链，缺了哪一环都会造成可怕的后果。因此，保护野生动植物，保持生物多样性，是维持生态平衡的重要举措。

 实践园

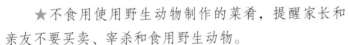

★发现猎捕、贩卖、宰杀野生动物或餐馆饭店非法销售野生动物的行为，要及时予以制止、检举投诉。

★不食用使用野生动物制作的菜肴，提醒家长和亲友不要买卖、宰杀和食用野生动物。

★在动物园参观时，不要打扰动物的安宁生活，不要恫吓它们或乱投喂食物。

★要及时救助受伤的野生动物。

★去公园、郊外游玩时，不攀爬树木，不折花，不踩踏草地。

★爱护绿地，积极参与校园绿化和植树活动。

★遇到毁林砍树等行为要及时劝阻，或向有关部门报告。

10 小学生环保知识竞赛

长时间照射紫外线会诱发哪些疾病？
答：皮肤癌、白内障、疟疾等。
城市生活垃圾可分为哪几类？
答：可回收物、有害垃圾、厨余垃圾和其他垃圾。

　　主持人的提问还没结束，抢答铃声就已经响起……6月25日，由大连市生态环境局、大连市教育局共同主办的2021年大连市小学生环保知识竞赛决赛在大连国际会议中心拉开帷幕，沙河口区中小学生科技中心为本次活动提供决赛题库。面对必答题、抢答题、风险题、表演题等不同题型的考验，进入决赛的沙河口区文苑小学、高新区龙王塘中心小学、软件园双语学校、旅顺口区迎春小学、西岗区红岩小学、西岗区东关小学6所小学的参赛选手们毫不畏惧，他们反应迅速、积极抢答、大方表演，让现场和网络端的观众感受到了生发于校园的片片"新绿"，新时代的青少年正快速地融入社会生态环保的实践行动中。

　　用光盘制作大树，通过动物和人类对话，号召人们保护森林；用易拉罐、纸箱、药丸三个拟人角色，说出了垃圾"我要回家"的心声；改编歌曲《春天在哪里》……在创意表演题环节，各决赛队巧用心思，通过丰富多样的表现形式，从动物、人类、垃圾等差异化的表演角度，突出人与自然和谐共生的主题。

参加决赛的 18 名学生经历了初赛、复赛，从入围复赛的全市 28 所学校共 84 名小学生中脱颖而出，他们丰富的环保知识储备，让决赛现场精彩不断。现场有哪些瞬间让人印象深刻呢？

　　必答题环节：竞争激烈，难分高下

　　必答题每队每人 3 题，共三轮，合计 9 题，分为判断题、单选题、多选题。参加决赛的 18 名学生信心满满，取得了不错的成绩，只有两三名学生答错了一道题，6 所小学分数不相上下，竞争很是激烈。现场观众称赞道："孩子们真棒！很多题目我们成年人都不会。"

単选题　　　　　　　　　　　　　　第一组

1.野生动物及其生存环境保护，禁止（　　）非法猎捕或者破坏
　A.任何单位　　　　　　B.个人　　　　　　C.单位和个人

2.森林有哪三大效益（　　）
　A.环境、社会、经济　　B.环境、自然、经济　　C.社会、自然、经济

3.工业"三废"（　　）
　A.废水、废料、废渣　　B.废水、废气、废料　　C.废水、废气、废渣

多选题　　　　　　　　　　　　　　第六组

1.以下属于清洁能源的有（　　）
　A.地热能　　　　B.风能　　　　　C.石油　　　　D.太阳能

2.汽车尾气中含有许多有害物质，主要有（　　）
　A.二氧化氮　　　B.氯化氢　　　　C.一氧化碳　　D.碳氢化合物

3.农业生产中造成的污染主要包括（　　）
　A.过量施用农药、化肥　　　　B.废弃的　　　　C.焚烧秸秆
　D.养殖废弃物　　　E.电磁污染

▲ 选手们在答题

抢答题环节：主持人还没读题，抢答器铃声就已响起

在抢答题环节，分别播放了两段有关臭氧、垃圾分类的宣传短片，设置了10道抢答题目，答对1道题目加10分，答错则扣10分。为了抢得先机，有的选手看完短片，还没等主持人读题就按下抢答键。他说："我不知道题目，但我怕手慢了，会失去答题机会。我相信我能答对。"可惜，这名心急的选手最后还是答错了，不但没加上分，反而还给自己的队伍扣了分。他反思道："我耐心听清题目再抢答就好了。"

风险题环节：斗智斗勇，极具挑战

风险题分为10分、20分、30分三类，每类各3题，答对得相应分数，答错扣相应分数，各参赛队可视本队积分自由选题或弃选。

决赛现场，各参赛队都不想放弃这难得的挑战机会，跃跃欲试，积极挑战30分题目。你来比画我来猜国家一级保护动物；你来比画我来猜常用环保相关词语；在两分钟内作答人类面临的十大环境问题的其中6个；在两分钟内作答6种践行低碳生活的具体做法；连线作答世界地球日、世界荒漠化日、国际生物多样性日等具有环保意义的纪念日；连线作答环保标志和名称……每道题目都极具代表性，也让小选手们受益匪浅。

比如，你来比画我来猜国家一级保护动物环节，选手们用肢体语言和表情配合模仿动物的笨拙动作，引得观众们哈哈大笑。负责比画的小选手说："早知道多看点与动物相关的书籍就好了。"参加作答"人类面临的十大环境问题"的3名小选手，一开始都认为这道题目并不难，可结果他们给出的回答却并不是标准答案。由此，有小选手感叹道："原来，人类面临的环境问题比我们想象得要多。"

表演题环节：才艺比拼，"各显本领"

环保创意表演题是围绕 2021 年世界环境日的中国主题——人与自然和谐共生，自行编制节目进行表演。各个参赛队真是"各显本领"：废旧物品手工制作、视频演示、诗朗诵、唱歌、讲故事……选手们为观众们献上了一场精彩纷呈的表演。

★沙河口区文苑小学代表队表演的《能源伴我行》节目，运用了时空穿越的表现手法，讲述了从古代马车、油灯到今日石油、天然气能源的创新发展，畅想了未来能源充足的新世界。

★高新区龙王塘中心小学代表队用诗朗诵和歌曲演唱的形式表现了人与动物一起欢快玩耍的梦想。

★软件园双语学校代表队用废旧纸箱制成环保道具，通过小李同学跟小兔子、小燕子的互动，讲述了森林环境破坏对动物造成伤害的事实。

★旅顺口区迎春小学代表队表演了《人类与大自然的拥抱》节目，通过猎人、医生、环保志愿者的对话，普及了野生动物保护法的相关知识。

★西岗区红岩小学代表队用易拉罐、纸箱、药丸三个拟人化角色，说出了垃圾"我要回家"的心声，号召人们做好垃圾分类。

★西岗区东关小学代表队的《森林里的悄悄话》节目，从一棵百年老树不能再为小动物们遮风挡雨的角度切入，用小兔子、猫头鹰、孔雀担心将来无处生活的担忧，让大家感受到环境破坏对动物们造成的伤害……

冠军花落谁家?

一等奖
旅顺口区迎春小学

二等奖
西岗区红岩小学
沙河口区文苑小学

三等奖
高新区龙王塘中心小学
软件园双语学校
西岗区东关小学

通过环保竞赛，孩子们都收获了什么?

中心筹备了复赛和决赛的多样赛题，也希望通过这次竞赛，能传播更多的环保知识，提升人们的环保意识，并通过"小手拉大手"，带动家庭，鼓励人人争当环保宣传者、践行者、志愿者，用行动让我们的城市更美丽，国家更美丽!

——沙河口区中小学生科技中心主任 霍劼芳

非常荣幸能够参加本次环保知识竞赛。对于孩子们来说，无论是前期的准备和练习，还是现场的表现和应答，都是一次特别宝贵的成长经历。我相信，他们在广泛汲取环保知识的同时，更让生态文明的道德习惯根植于心。他们不仅是生态环保理念的宣传者，更是未来生态文明的践行者。

　　作为老师，我们欣喜地看到了孩子们对待比赛积极认真的态度，看到了他们彼此之间协同参赛的团队意识，更看到了他们这一代孩子身上体现出来的绿色环保意识。

——旅顺口区迎春小学副校长　赵慧

　　文苑小学始终注重环保教育，多年来积极组织学生参加环保实践活动，丰富学校环境教育课程。在老师的带领下，同学们积极参与第二届大连市小学生环保知识竞赛活动。此次竞赛活动让孩子们更加关注环保，"小手拉大手"，让环保走进每一个家庭，让文明行为成为一种习惯。

——沙河口区文苑小学德育主任　张丽

　　在刚刚结束的舞台剧展演活动中，我们学校取得了第一名的可喜成绩。虽然孩子们没能进入小学生环保知识竞赛决赛，但通过这次活动，孩子们对环保有了一个全新的认识。爱护环境，应该从小做起，从我做起。这次活动不仅引发了全校师生对环保事业的关注，也有力地推动了环保理念的普及与深化，已在校园和家庭中产生了广泛影响。我们将继续践行绿色发展理念，一起努力争做环保小使者，让我们的天更蓝，水更清，地更绿！

——西岗区新石路小学大队辅导员　王爽

11 六五环境日活动精彩纷呈

　　6月5日，"在大连，我与自然同呼吸"2021年大连市纪念六五环境日暨绿色双十佳颁奖仪式在广电中心举行，隆重揭晓了2021年大连市"十佳绿色学校"和"十佳绿色使者"榜单，中山区解放小学等荣获"十佳绿色学校"的称号，田晓勤等荣获"十佳绿色使者"的称号。

▲ 活动合影

　　颁奖仪式通过"新浪直播""大连云APP""大连生态环境"微信公众号同步直播，共计129万人次观看，共同感受绿色大连绿色行动的魅力。

保护生态环境就是保障民生，改善生态环境就是改善民生。近年来，大连以建设人与自然和谐共生的美好环境为目标，深入打好污染防治攻坚战，不断提升生态环境质量。

2021年，大连市生态环境局联合市委宣传部、市文明办、市人大环资城建委、市政协人资环委、市教育局、市总工会、共青团大连市委员会、市妇女联合会、大连新闻传媒集团，围绕"人与自然和谐共生"主题，在全市开展"环境月"系列活动，推动全社会践行绿色低碳环保生产生活新风尚，以实际行动庆祝中国共产党成立100周年。

颁奖仪式在主题短片《在大连，我与自然同呼吸》中启幕，整个活动精彩纷呈，看点多多。

颁授 2 大荣誉

2021年4月初，大连市启动2021年"十佳绿色学校""十佳绿色使者"评选活动。经过推荐、报名、初选、网络点赞、专家综合评选等程序，产生2021年大连市"十佳绿色学校"和"十佳绿色使者"名单。评选活动线上线下互动传播，5天共吸引了326.5万人次关注，获得34.4万点赞，绿色理念传遍全城。

分享4个生态环保故事

颁奖仪式上，主持人与两所"绿色学校"——东北财经大学和锦华小学的代表进行了对话。

东北财经大学有关领导讲述了建设绿色校园、常年开展环保志愿活动，让青年志愿者传递绿色环保新时尚的环保行动。

锦华小学校长介绍了他们建立"五融入"工作体系，把环保教育渗透到教育教学中，让环保教育全方位浸润校园的教育坚守。

主持人还与两位"绿色使者"——辽宁东亚律师事务所专职律师曹明和大连环保志愿者协会苗与林青少年环保基金项目负责人田晓勤进行了对话。

曹明讲述了他为依法保护环境提供专业咨询的人生追求。

田晓勤讲述了她带着孩子从小参加环保公益活动，和孩子一起成立苗与林青少年环保基金，影响带动广大青少年树立环保公益理念的环保故事。

演出 2 部环保舞台剧

　　大连市生态环境局联合大连市教育局在全市发起环保舞台剧展演活动。颁奖仪式上，大家一起欣赏了 2 部优秀环保舞台剧，分别是由西岗区新石路小学带来的《保护碧海蓝天 再现鸟语花香》和高新区半山幼儿园带来的《绿色的旋律》。孩子们通过精彩的表演传达了"人与自然和谐共生"的理念。

▲ 环保舞台剧表演

大连市生态环境局领导在颁奖仪式上致辞，号召全市人民向身边的榜样学习，对标先进，希望人人都成为环境保护的关注者，成为环境问题的监督者，成为生态文明建设的推动者，成为绿色生活的践行者，让"绿水青山就是金山银山"的理念得到深入认识和实践，结出丰硕成果。

最后，颁奖仪式在大连理工大学环境学院学生深情演唱的六五环境日主题歌曲《让中国更美丽》中落下了帷幕。

▼ 演唱活动主题歌曲

学习先进典型，落实绿色行动。在绿色发展的潮流中，让我们一起将雷厉风行的作风化作铿锵笃定的脚步，将矢志环保的雄心融入义无反顾的背影，将生态环保融入常年如一日的行动，身体力行，使绿色成为城市的底色。

第三章

能源危机

地球资源是有限的，
要合理利用和开发地球资源，
实现人类可持续发展。

1 节约资源，关爱地球母亲

新发现　　人类只有一个地球，但在人类的肆意索取下，地球已不堪重负。资源缺乏引发能源危机，破坏生态平衡。

知识库

人口、资源与环境

人口增长、资源过度开发利用和环境污染是当今世界社会问题的三大关键词。

◆人口增长

随着医学的发展和卫生条件的改善，人类寿命逐渐延长，死亡率开始下降，全球人口数量呈增长态势。人口数量的不断增长，使资源的需求量随之同步增长。因此，人口与资源成为人类社会发展中的一大矛盾。

◆资源过度开发利用

人们所利用的从自然环境中得到的所有东西都是自然资源。一些自然资源能在相对比较短的时间内自然地恢复或再生，称为可再生资源，如阳光、气候、生物等。而一些自然资源在相当长的时期内几乎是不能被恢复或再生的，称为不可再生资源，如煤、石油和其他金属、非金属矿产资源等。过度开发利用不可再生资源，最终会导致其枯竭。

◆环境污染

环境对生物产生负面影响的任何变化都被称为环境污染。环境污染经常伴随有益于人类的活动而产生，如用煤发电造成大气污染，用杀虫剂杀死农作物害虫造成土壤污染等。产生环境污染的重要原因是人类活动对地球的不良影响。

地球资源

地球资源也称"自然资源",是指自然界中人类可以直接获得的用于生产和生活的物质。

自然资源既是自然环境的重要组成部分,又是自然环境与人类活动的纽带。自然资源主要包括水资源、土地资源、生物资源、气候资源、海洋资源、矿产资源等。

地球资源现状

地球资源是有限的,对地球资源的过度掘取和不合理的开发利用,必将造成资源的枯竭和地球生态环境的恶化。合理有效地利用地球资源,保护人类的生存环境,已经成为世界各国共同关注的话题。

◆水资源

目前,全世界用水量比 100 年前增加了约 10 倍。世界上大约 60% 的地区属于缺水地区,全世界有 80 个国家和地区大约 15 亿人面临供水不足的问题,其中 26 个国家和地区大约 3 亿人生活在缺水状态中。

◆生物资源

生物资源指生物圈中对人类具有一定经济价值的动物、植物、微生物有机体以及由它们所组成的生物群落,包括动物资源、植物资源和微生物资源三大类。虽然生物资源具有再生性,但是如果不合理利用,不仅会引起其数量和质量下降,还可能导致灭绝。如今,生态平衡已经被打破,逐年减少的森林资源、不断灭绝的物种,都为人类敲响了警钟。

◆矿产资源

全球已知矿物有几千种,形成多样的矿产资源形式。矿产资源一般分为金属矿产、非金属矿产、能源矿产等,有固态、液态、气态三种形态。

▲ 煤矿

矿产资源被誉为现代工业的"粮食"和"血液",是人类社会发展的命脉。矿产资源不仅是人类社会赖以生存和发展的重要物质基础之一,更是全球经济的产业基础。人类目前使用的95%以上的能源、80%以上的工业原材料和70%以上的农业生产资料都来自矿产资源。矿产资源是有限的,而人类开采矿产的速度不断加快,使某些矿种出现短缺,甚至面临枯竭的危险。

不仅在经济领域,矿产资源在政治领域同样显示出重要的价值。纵观20世纪大大小小的战争,无论是两次世界大战,还是海湾战争,除了对领土的争夺外,各种矿产资源的占有权更是常常成为战争爆发的导火索。而为了保证国家在非常时期的安全,许多国家很早就着手进行矿产资源的战略储备。

能源

能源是可以为人类提供能量的自然资源,是人类生存和社会发展的物质基础。煤炭、石油、天然气是主要的能源矿产。

◆煤炭

煤炭是由远古植物掩埋于地下而形成的一种固态化石燃料。

虽然煤炭燃烧会造成环境污染,但在未来的100年里,煤炭仍是主要能源之一。洁净煤炭燃烧技术已成为当前能源领域研发的热点,许多国家都在研发保持空气清洁的煤炭燃烧技术。

▲ 煤炭燃烧

◆石油

石油又叫原油，是一种浓稠的黑色液体，由数百万年甚至几亿年前生活在海洋中和较浅的内海中的小动物、海藻、原生生物经过漫长演化而形成。石油大多储藏在地下砂岩层或石灰岩层的小孔中。石油的形成需要数百万年甚至几亿年的时间，从这一点来讲，它是一种不可再生资源。

深埋地下的石油被开采出来后，通过加热蒸馏，可以分离出燃料和其他产品。石油消费占全世界能源消费的 1/3 以上，石油是大多数汽车、飞机和轮船等的燃料。许多地区也利用石油取暖。塑料、油漆、药品和化妆品等的生产都离不开石油。

◆天然气

天然气是储存于地下多孔岩石或石油中的可燃气体，成因与石油的成因相似。由于它比石油轻，所以常位于石油上部。我国西部也有单独成矿的天然气矿藏。

天然气具有清洁、价格低廉和供应安全等特点，缺点是极易燃烧，气体泄漏会引起爆炸，并发生火灾。

思辨台

1. 当地球资源枯竭时，人类是否会移居到别的星球？

2. 大量开采和使用能源矿产给环境带来了哪些影响？

3. 如何缓解人类发展与资源利用、环境污染之间的矛盾？

风能发电

 实践园

事实证明：地球资源已经开始匮乏，如果我们再不解决资源浪费问题，后果将不堪设想。对此你有什么好的建议？

我们可以这样做：

★清洁家庭卫生时，尽量少用或不用清洁剂或杀虫剂等化学制品。

★消除异味时，可用柠檬或活性炭等代替化学空气清新剂。

★视餐具的油污情况，尽量减少使用或不用洗洁精。

★注意保养家用电器，可减少耗电量。

★选购家用电器时，尽量选择能效等级高的。

★非必需的电器（如电动牙刷等）可以少用或不用。

★用电风扇代替空调降温更省电。

★冰箱放在阴凉处更省电，开门取物后要尽快关上。

★在冰箱中存放食物时，要留空隙，不宜装得过满、过紧，以利于冷空气对流，减轻制冷系统负荷，节省电量。

★多利用自然光照明，使用节能灯更省电。

★离开房间时，应及时关掉灯和空调。

★冷天多穿衣服，必要时再开暖炉等取暖设备。

★洗澡时多用淋浴，少用浴缸，可节省不少水。

★用压力快锅或焖烧锅制作餐食，既节省能源，又节省时间，还能更好地保留食物中的营养物质。

2 合理利用自然资源

 新发现　　自然资源并不是取之不尽、用之不竭的。只有认识到保护自然资源的重要意义，合理开发和利用自然资源，人类才能实现可持续发展。

知识库

地球上的自然资源可以分为可再生与不可再生两大类。

可再生资源

可再生资源指的是在太阳光的作用下，可以不断再生的物质。典型的可再生资源包括太阳能、地热能、水能、风能、生物质能等。

◆太阳能

太阳能主要指太阳光的热辐射能。太阳能资源总量丰富，既可以免费使用，又无须运输，对环境无任何污染，是一种清洁能源。

◆地热能

地热能是由地壳抽取的天然热能，这种能量来自地球内部的熔岩，并以热力形式存在，是引起火山喷发及地震的能量。地热能的蕴藏量丰富，在使用过程中不会产生温室气体，是比较理想的清洁能源之一。地热发电是利用地热能的主要方式，其次是直接用于采暖、供热和供热水。此外，地热能还被应用于农业、医疗等领域。

◆水能

水能是指水体的动能、势能和压力能等能量资源。广义的水能资源包括河流水能、潮汐水能、波浪能、海流能等能量资源；狭义的水能资源指河流的水能资源。人类对水能资源的开发利用历史悠久，早在2 000多年前，埃及、中国和印度就已出现水车、水磨。如今，水力发电是人类对水能资源利用的高级阶段。

▲ 水电站

◆风能

风能是指空气流动所产生的动能，风速越快，动能越大。风能资源的储量巨大，分布广泛，是一种清洁能源。风能利用主要是通过风力机将风的动能转化成机械能、电能和热能等。

◆生物质能

生物质能是指通过绿色植物的光合作用而形成的各种有机体，包括所有动植物和微生物。生物质能是太阳能以化学能形式贮存在生物中的能量形式，以生物质为载体的能量。它直接或间接地来源于绿色植物的光合作用，可转化为常规的固态、液态和气态燃料，是一种可再生资源。

不可再生资源

不可再生资源即不可更新资源，是指经人类开发利用后，在相当长的时期内不可再生的自然资源。

不可再生资源主要有煤炭、石油、天然气和其他所有矿产资源。它们的形成、再生过程极其缓慢，相对于人类历史而言，几乎不可再生。这些资源的储量会随着人类的消耗越来越少。

因为土壤肥力可以通过人工措施和自然过程而不断更新，所以土壤属于再生资源。但是土壤又有不可再生的特点，因为水土流失和土壤侵蚀的速度比土壤自然更新的速度快得多，所以在一定时间和一定条件下，土壤又是不可再生资源。

此外，如果不注意合理利用和保护，可再生资源也有可能变成不可再生资源。比如，虽然生物资源属于可再生资源，但是任何一种生物的灭绝都意味着地球永久地失去一个物种独特而珍贵的基因库。从这一点来看，生物物种隐含着不可再生性。

因此，不论是可再生资源，还是不可再生资源，我们都应该注意保护，合理利用。

 实践园

通过查阅资料、实地考察、采访相关人员等多种方式，了解我国自然资源保护和利用的情况。将调查结果以报告、倡议书、手抄报等形式与伙伴们分享。

瓦房店市教育局
辽宁红沿河核电有限公司

3 人类发展离不开能源

新发现 能源是提供能量的物质资源，是人类活动的物质基础。可以断定，如果没有能源，人类的生活将无法想象。

知识库

能源的分类

地球上多种多样的能源可以根据其成因、性质和使用状况等进行分类。

按成因分类，能源可以分为一次能源和二次能源。一次能源是指天然形成的能源，包括煤炭、石油、天然气、水能、风能等；二次能源是指由一次能源直接或间接转换成的其他种类和形式的能源，主要包括煤气、汽油、柴油、电能、沼气等。

按性质分类，能源可以分为燃料型能源（如煤炭、石油、天然气、木材等）和非燃料型能源（如水能、风能、地热能、海洋能等）。

按使用状况分类，能源可以分为常规能源和新能源。常规能源是指利用技术成熟，使用比较普遍的能源，包括煤炭、石油、天然气、水能等；新能源是指新近利用或正在着手开发的能源，包括太阳能、风能、地热能、海洋能、生物质能、核能等。新能源大多数是可再生能源，资源丰富，分布广阔，是未来的主要能源。

常规能源

常规能源也称传统能源，石油、煤炭、天然气是人类日常生活接触的主要常规能源，具有储量丰富、开发利用早、应用广泛、不可再生等特点。由于地球上的常规能源储量有限，人们必须不断寻找新能源。不过在目前能源消耗总体格局下，虽然新能源产业发展迅速，但常规能源仍占据主导地位。

◆石油

石油是目前世界上最重要的能源之一。总体上，石油资源的分布很不平均：从东西半球来看，约 3/4 的石油资源集中于东半球，西半球仅占 1/4；从南北半球来看，石油资源主要集中于北半球；从纬度分布来看，石油资源主要集中在北纬 20°~40° 和 50°~70° 两个纬度带内，波斯湾（伊朗、伊拉克、沙特阿拉伯、阿联酋等产油国位于该区域）和墨西哥湾（委内瑞拉等产油国位于该区域）集中了约 51.3% 的世界石油储量。另外，北海油田、俄罗斯伏尔加及西伯利亚油田和阿拉斯加湾油区也是重要的石油供应基地。

我国石油资源集中分布在渤海湾、松辽平原、塔里木、鄂尔多斯、准噶尔、珠江口、柴达木和东海大陆架等地区，其可采资源量占全国的 81.13%。目前，我国是世界进口石油最多的国家。

石油的应用极其广泛：汽车、飞机等交通工具使用的汽油、柴油都是石油的炼成品，服装、包装等行业的部分原料也来自石油。但是，石油制品燃烧排放的二氧化碳以及其他有害气体，机动车尾气排放造成的大气污染已成为日益严重的环境问题。近年来，世界各国开始开发电动和混合动力汽车，以减少汽车对石油资源的依赖。

▲ 油井

◆煤炭

煤炭是人类应用较早的能源之一，也是我国的基础能源。2020 年，全国煤炭消费在一次能源消费中占 57% 左右。我国煤炭资源丰富，是世界第一大产煤国，除上海以外其他各省区均有分布，但分布不均衡，内蒙古、山西、陕西、宁夏、甘肃、河南等地是集中分布地区，其资源量占全国煤炭资源量的 50% 左右。

煤炭燃烧排放污染气体，使用不当可能会导致中毒。同时，煤炭运输给铁路、公路运输带来很大压力，煤炭安全生产事故也时有发生。

▲ 煤炭

◆天然气

天然气作为一种清洁、高效、储量大的能源，其开发利用一直备受世界各国重视。全球范围内的天然气资源量远大于石油，预计 2030 年前，天然气将在一次能源消费中与煤炭和石油并驾齐驱。

我国天然气资源主要分布在中西部盆地。根据专家预测，我国天然气资源总量可达 40 万亿～60 万亿立方米。目前，我国部分地区使用天然气做饭、取暖，相信今后其应用会日益广泛。

▲ 液化天然气运输船

超链接

西气东输

西气东输是我国重要的能源工程，将西部地区的天然气输送到东部地区，以满足西部、中部、东部地区群众生活对天然气的需要。

西气东输工程简介

工程	起点	终点	全长	设计年输气能力
一线工程	新疆	上海	4 000 多千米	120 亿立方米
二线工程	新疆	东达上海，南抵广东、香港	8 700 多千米	300 亿立方米
三线工程	新疆	福建	7 300 多千米	300 亿立方米

可再生能源

按可否再生，一次能源又分为可再生能源和不可再生能源。

可再生能源是指不随其本身的转化或被人类开发利用而减少的能源，如太阳能、生物质能、水能、风能、地热能等。

新能源开发

可再生能源对环境无害或危害极小，而且分布广泛，适于就地开发利用。太阳能、风能、水能发电已成为我国发展清洁能源的重要手段之一，虽然在电力供给总量中占比仍较小，但发展势头迅猛。生物质能包括自然界可用作能源用途的各种植物、人畜排泄物以及城乡有机废物转化而成的能源，如沼气、生物柴油、林业加工废弃物、农作物秸秆、城市有机垃圾、工农业有机废水和其他野生植物等。

不可再生能源是指会随其本身的转化或被人类开发利用而减少的能源，如煤炭、石油、天然气等。有些能源，如火山能、地震能、雷电能、宇宙射线能等还未被人们广泛开发利用，但随着科学的进一步发展，这些能源有朝一日也将成为新能源开发利用的重要组成部分。

◀沼气发电机组

我国能源发展面临的挑战

国家发改委、国家能源局 2016 年 12 月印发的《能源发展"十三五"规划》指出："十三五"时期，我国能源消费增长换挡减速，保供压力明显缓解，供需相对宽松，能源发展进入新阶段。在供求关系缓和的同时，结构性、体制机制性等深层次矛盾进一步凸显，成为制约能源可持续发展的重要因素。面向未来，我国能源发展既面临厚植发展优势、调整优化结构、加快转型升级的战略机遇期，也面临诸多矛盾交织、风险隐患增多的严峻挑战。

◆传统能源产能结构性过剩问题突出

煤炭产能过剩，供求关系严重失衡。煤电机组平均利用小时数明显偏低，并呈现进一步下降趋势，导致设备利用效率低下、能耗和污染物排放水平大幅增加。原油一次加工能力过剩，产能利用率不到 70%，但高品质清洁油品生产能力不足。

◆可再生能源发展面临多重瓶颈

可再生能源全额保障性收购政策尚未得到有效落实。电力系统调峰能力不足，调度运行和调峰成本补偿机制不健全，难以适应可再生能源大规模并网消纳的要求，部分地区弃风、弃水、弃光问题严重。鼓励风电和光伏发电依靠技术进步降低成本、加快分布式发展的机制尚未建立，可再生能源发展模式多样化受到制约。

◆天然气消费市场亟须开拓

天然气消费水平明显偏低与供应能力阶段性富余问题并存，需要尽快拓展新的消费市场。基础设施不完善，管网密度低，储气调峰设施严重不足，输配成本偏高，扩大天然气消费面临诸多障碍。市场机制不健全，国际市场低价天然气难以适时进口，天然气价格水平总体偏高，随着煤炭、石油价格下行，气价竞争力进一步削弱，天然气消费市场拓展受到制约。

◆能源清洁替代任务艰巨

部分地区能源生产消费的环境承载能力接近上限，大气污染形势严峻。煤炭占终端能源消费比重高达 20% 以上，高出世界平均水平 10 个百分点。"以气代煤"和"以电代煤"等清洁替代成本高，洁净型煤推广困难，大量煤炭在小锅炉、小窑炉及家庭生活等领域散烧使用，污染物排放严重。高品质清洁油品利用率较低，交通用油等亟须改造升级。

◆能源系统整体效率较低

电力、热力、燃气等不同供能系统集成互补、梯级利用程度不高。电力、天然气峰谷差逐渐增大，系统调峰能力严重不足，需求侧响应机制尚未充分建立，供应能力大都按照满足最大负荷需要设计，造成系统设备利用率持续下降。风电和太阳能发电主要集中在西北部地区，长距离大规模外送需配套大量煤电用以调峰，输送清洁能源比例偏低，系统利用效率不高。

◆跨省区能源资源配置矛盾凸显

能源资源富集地区大都仍延续大开发、多外送的发展惯性，而主要能源消费地区需求增长放缓，市场空间萎缩，更加注重能源获取的经济性与可控性，对接受区外能源的积极性普遍降低。能源送受地区之间利益矛盾日益加剧，清洁能源在全国范围内优化配置受阻，部分跨省区能源输送通道面临低效运行甚至闲置的风险。

◆适应能源转型变革的体制机制有待完善

能源价格、税收、财政、环保等政策衔接协调不够，能源市场体系建设滞后，市场配置资源的作用没有得到充分发挥。价格制度不完善，天然气、电力调峰成本补偿及相应价格机制较为缺乏，科学灵活的价格调节机制尚未完全形成，不能适应能源革命的新要求。

▲ "十三五"时期我国能源发展呈现五大趋势

我国节能减排目标

温室效应、臭氧层破坏、传统能源枯竭……迄今为止，世界能源需求的64%来自燃烧煤炭、石油、天然气等传统燃料，产生二氧化硫、二氧化碳、氮氧化物、一氧化碳和颗粒物等，带来令人忧虑的环境问题，治理环境污染所耗成本无可估量。这些传统能源的消耗速度迅速加快，它们的储量面临枯竭，研究和选用清洁、环保的新能源势在必行。

按我国政府的规划，"十四五"时期，核能、风电、太阳能等清洁能源消费比重提高到20%，单位国内生产总值能源消耗降低13.5%，清洁能源的发展迎来了难得的历史机遇。

超链接

温室效应

温室效应又称"花房效应"，是大气保温效应的俗称。太阳照射地球表面使地表升温，地表向外释放的热量再被大气吸收，而使地表与低层大气温度升高，因其原理类似于栽培农作物的温室，故名温室效应。

自工业革命以来，人类向大气排放的二氧化碳等吸热性极强的温室气体量逐年增加，大气温室效应也随之增强，引发了全球气候变暖等一系列环境问题，引起了世界各国的关注。

1997 年，日本京都召开《气候框架公约》第三次缔约方大会，通过国际性公约——《京都议定书》，规定了各国的二氧化碳排放量标准，即在 2008 年至 2012 年承诺期内，全球主要工业国家的工业二氧化碳排放量比 1990 年的排放量至少减少 5%。

▲ 燃煤是产生温室效应的主要原因之一

思辨台

1. 请说一说生活中与我们密切相关的能源种类。

2. 请你想象一下，没有能源的生活会是什么样子的。

3. 请谈谈一次能源和二次能源的区别。

4. 联系生活实际，讲讲在温室和正常环境下，你会有什么不同的感受。

5. 请说一说发展核电对环境的益处。

4 能源与生活

 新发现

在生活中，人们用电来照明，用煤炭来取暖，用天然气来做饭，用汽油来驱动汽车……像电、煤炭、天然气、汽油等这些能够提供各种能量的物质或资源都是能源。

 知识库

能源的其他分类

能源除了按成因、性质、使用状况来分类，还可以按来源、形态等来分类。

◆**按来源分类**

来自地球外部的能源，主要是太阳能（煤炭、石油、天然气等化石燃料；水能、风能、波浪能等）。

地球本身蕴藏的能量，如核能、地热能等。

地球和其他天体相互作用而产生的能量，如潮汐能等。

◆**按形态分类**

按照这种分类原则，世界能源委员会推荐的能源类型为固体燃料、液体燃料、气体燃料、水能、电能、太阳能、生物质能、风能、核能、海洋能和地热能。

生活中的节能技巧

◆照明装置

光管光度越强越省电。一支 40 瓦光管所发出的光量较 3 个 60 瓦的灯泡更强，使用寿命也超过普通灯泡的 10 倍左右。为了不降低亮度，应避免使用深色的灯罩。此外，还要养成及时关灯的好习惯。

◆洗衣机及干衣机

按照洗衣机的容量清洗衣物，并尽量缩短洗衣时间。使用高温水洗衣程序的耗电量较大，因此，要尽量使用低温水或冷水程序。最好利用阳光晒干衣物。用洗衣机干衣程序来烘干衣物也有省电节能小妙招：洗衣机干衣时的转速越高，干衣程度越高。把衣物中多余水分沥掉之后再放入干衣机，也可以实现省电的目的。

▲ 利用阳光晒干衣物

◆冰箱

不要把冰箱放在暖炉边或太阳直射等温度较高的地方。冰箱的温度不要设置过低，贮存在冰箱内的食物不要太多。食物放进冰箱前，一定要先冷却。不要频繁开关冰箱柜门，要及时留意冰箱柜门的橡胶圈是否紧密。冰箱柜后的凝结器要经常清扫，避免积灰太多妨碍冰箱散热。

◆空调

空调是耗电量特别大的一种电器，因此，最好能用较为省电的电风扇来代替。如要使用空调，最好保持室内温度在 26 ℃，并关闭门窗，以免因空气流通而增加能耗。要留意空调的恒温器是否运行正常，隔尘网最好每一至两星期清洗一次，及时清理积存在凝结器上的灰尘。

 超链接

能源危机是指因为能源供应短缺或价格上涨而造成的危机，通常涉及石油、电力或其他自然资源。能源危机通常会导致经济停滞甚至衰退。很多突如其来的经济衰退就是由能源危机引起的。

全球先后爆发过多次能源危机，主要有以 3 次石油危机为代表的一次能源危机，以及由多次电力危机引发的二次能源危机。

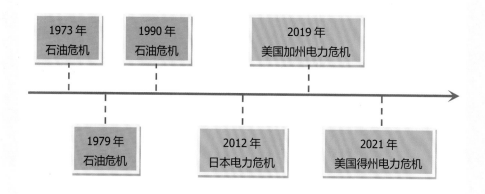

◆汽车

汽车的能源消耗量也非常大，因此，在选购汽车时，应选择体积与发动机容量比相对小的型号。同时，应经常检查汽车，保持各部件性能正常、轮胎气压合适。驾驶时速度要适中，避免过快、过慢或突然加速。提倡多乘坐公共交通工具。

◆能效标识

在选购电器时，注意查看电器上的能效标识，数值越低，能源效率越佳，相对耗用的电力就较少，越能实现节省能源的目的。

专家又是怎样说的呢?

应对能源危机的措施:
1. 利用风能发电
2. 推广太阳能照明灯
3. 开发利用氢燃料
4. 利用潮汐能发电
5. 开发利用地热能
6. 利用垃圾生产煤气
7. 研发纤维素乙醇

太阳能光伏板 ▶

思辨台

1. 什么是能源?
2. 能源是怎样分类的?
3. 在生活中,我们应该怎样节约能源?

瓦房店市教育局
辽宁红沿河核电有限公司

5 核电与环境

新发现

与火电相比，核电在环保方面的优势更为明显。20 世纪 80 年代，法国大力发展核电产业，在总发电量大幅增加的同时，排放的二氧化碳和尘埃等明显减少，空气质量有明显改善。

知识库

核电的环境效益

2020 年 9 月 10 日，国际能源署（IEA）发布《2020 能源技术展望》称，要实现国际能源和气候目标，尤其是交通、建筑和工业等非电力行业的碳减排目标，迫切需要在全球范围内大力开发和部署清洁能源技术。

国际原子能机构（IAEA）公布的 2019 年全球核电发展数据显示：2019 年，全球核电发电量为 2 586.2 太瓦时，约占全球总发电量的 10%，占低碳发电量近 1/3；核电发电量在本国总发电量中所占份额超过 10% 的国家共有 20 个，其中法国最高，达 70.6%，乌克兰和斯洛伐克列第二，均为 53.9%。

2021 年，联合国欧洲经济委员会（UNECE）发布报告，指出"核能是低碳电力和热能的重要来源，有助于实现碳中和，从而有助于缓解气候变化"。报告强调：作为低碳能源，全球核反应堆在过去 50 年中避免了 700 多亿吨二氧化碳的排放，相当于全球每年排放的二氧化碳总量的两倍多。

在全球清洁能源发电领域，风能和太阳能发挥着重要作用，而核能是对可再生能源电力系统的有益补充。核电发展数据充分证明了核电优异的环境效益。

燃煤电厂与核电站发电 100 万千瓦时环境效益对比

燃料与排放物	燃煤电厂 (100 万千瓦时)	核电站 (100 万千瓦时)	环境效益
燃料 消耗量	250 万吨标准煤	20 吨低浓度铀	节省约 5 万节 标准火车皮的运量
二氧化碳 排放量	603 万吨		
二氧化硫 排放量	5.8 万吨		相当于种植 约 1.67 万公顷森林
氮氧化物 排放量	3.8 万吨		
飘尘	1 600 吨		
乏燃料		25 吨	相当于 1 辆 载重汽车的运载量

中国最大、全球第三大核电企业和全球最大核电建造商——中国广核集团，2017 年清洁能源上网电量 2 119 亿千瓦时，相当于 2017 年福建省的全社会用电量，等效减少消耗标准煤 6 613 万吨，减排二氧化碳 1.6 亿吨，相当于种植 48 万公顷森林。

红沿河核电站一期工程 4 台机组每年可减排二氧化碳 2 412 万吨，二氧化硫 23.2 万吨，氮氧化物 15.2 万吨。其中，仅一年减排的二氧化碳量，就相当于种植 6.7 万公顷森林。

 环保行

红沿河——我们的家乡

◆红沿河的由来

历史上，"红沿河渔港"是瓦房店境内甜水河的入海口，因入海口处的山崖呈紫红色，所以人们习惯把渔港称为"红沿河渔港"。在清朝时期，"红沿河渔港"已是渤海湾中几个著名的天然良港之一，它南邻长兴岛，北与营口鲅鱼圈毗邻，西与锦州、秦皇岛、天津隔海相望。

由于地理位置突出，许多渔船和商船经常在此处避风、补充物资，因此，"红沿河"在我国近代航海图上都有显著标志。

在清朝中晚期、民国时期以及中华人民共和国成立初期，红沿河镇作为独立的行政建制单位，都以"红沿河"冠名。而以"东岗"冠名则是20世纪60年代的事情——当时的"红沿河公社"改为"东岗公社"，这个名字源于境内一个名叫"东岗子"的小土山。2009年4月，经辽宁省人民政府批准，东岗镇正式更名为红沿河镇。

◆红沿河的发展

随着红沿河核电站的建设，核电成为瓦房店的一张重要"名片"，核电建设也带动了红沿河镇的经济快速发展，当地人口迅速增加，一幅美好的画卷已在我们面前展开。

由于核电站的建设，一条笔直的公路从红沿河镇穿过，改善了当地的交通条件。随着红沿河镇人口的增加，用电、用水量快速上升。在红沿河核电公司的努力下，红沿河镇的用水、用电条件大大改善，居民生活便利程度显著提升。

目前，红沿河核电站建设承包用地主要集中于红沿河镇和仙浴湾镇，人口的快速增长带动了经济发展，创造了很多商业和就业机会。

秉承"建一座核电站，带动一方经济"的理念，辽宁红沿河核电有限公司积极履行社会责任，并积极参与社会公益事业，努力为地方发展做贡献。

近年，每年均捐助周边贫困应届大学生和中小学生，鼓励他们勇敢面对生活的挑战，努力学习，向自己的理想迈进。

2012年10月，组织医疗专家为当地老人义诊。

2011年底，向红沿河镇达营村捐款，用于水利建设。

2011年9月，捐资200万元建设的红核希望中学投入使用。

2007年"三四"风暴潮后，向瓦房店政府捐资50万元用于灾后重建。

6 核电站是这样发电的

 新发现

火电厂使用煤做燃料，通过煤燃烧产生的热量发电；而核电站则使用铀做燃料，通过核燃料裂变产生热量发电。

 知识库

火电厂与核电站发电区别

类别	火电厂	核电站
燃料	煤	铀
发电过程	煤燃烧产生热量	铀燃料通过裂变反应产生热量

核燃料

火电厂用煤做燃料，核电站用铀做燃料，虽然二者产生热量的源头不同，但是最后目的是一致的，都是产生热量，推动汽轮发电机发电。

铀和铁、铜、铅等同为金属，它广泛地分布在地球上，包括海水中也含有铀，但浓度非常低，提炼技术和成本非常高。铀矿资源在全球分布极不平衡，主要集中在澳大利亚、哈萨克斯坦、加拿大、俄罗斯、南非、尼日尔、巴西、中国、纳米比亚和乌克兰等10个国家。这10个国家的铀矿资源储量之和约占世界铀矿资源储量的87%。我国已在20余个省（自治区、直辖市）发现铀矿资源，尤其是江西、内蒙古、新疆、广东、湖南、广西、河北等地，已发现的铀矿资源总量占全国总量的90%以上。

铀的密度很高，其质量是同等大小铁的 4 倍左右，一块接力棒大小的铀矿石质量达 15 千克。天然铀矿经开采后，被运到专门的核燃料厂进行加工、提炼，最后加工成核电站可以使用的核燃料。

天然铀矿 ▶

核电站发电原理

世界上的一切物质都是由原子构成的。原子由带正电的原子核和围绕它高速旋转的带负电的电子构成，原子核由质子和中子构成。

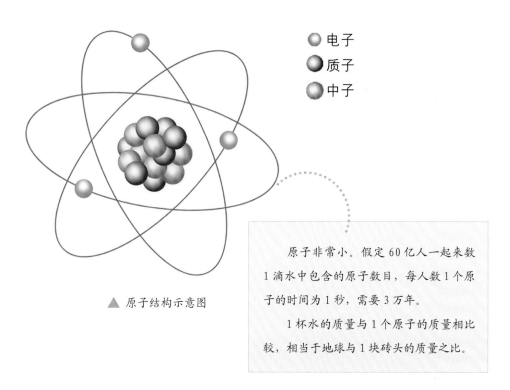

○ 电子
● 质子
○ 中子

▲ 原子结构示意图

原子非常小。假定 60 亿人一起来数 1 滴水中包含的原子数目，每人数 1 个原子的时间为 1 秒，需要 3 万年。

1 杯水的质量与 1 个原子的质量相比较，相当于地球与 1 块砖头的质量之比。

核电站的原料为铀-235，中子撞击铀-235原子核引起原子核裂变，裂变的过程中释放能量和射线，同时又产生了新的中子。新产生的中子引起新的原子核裂变，裂变反应持续不断地进行下去，同时不断产生能量。这成为核电站发电的动力源。铀裂变产生的能量巨大，1 克铀裂变释放的能量相当于燃烧 3 吨煤释放的能量。

▼ 核裂变示意图

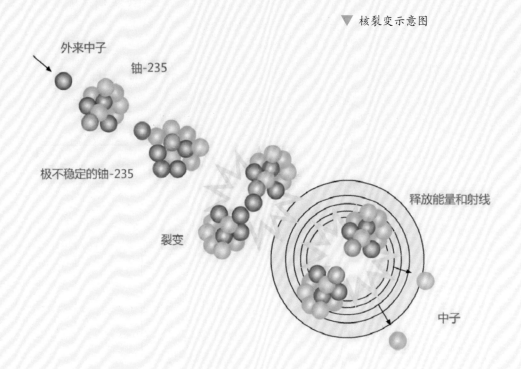

外来中子

铀-235

极不稳定的铀-235

裂变

释放能量和射线

中子

核裂变史话

核裂变原理的发现距今仅有 70 多年。英国物理学家查德威克在一次偶然的试验中发现了中子，而后在 1938 年，德国物理化学家哈恩和施特拉斯曼在一次试验中意外发现铀-235 可以裂变，裂变过程中同时释放巨大能量。

后来，进一步研究发现，铀-235 是自然界中唯一能在中子轰击作用下产生核裂变的物质。铀-235 在天然铀中含量较低，仅有 0.7%。

核电站的设备

◆核电站

核电站是利用一个或多个核反应堆产生的热能发电或发电兼供热的动力设施。核电站主要由核岛（反应堆位于其中）、常规岛（汽轮机厂房等）和电厂辅助设施组成。

▼ 核电站部分厂房

燃料厂房　　反应堆厂房　　龙门吊　　汽轮机厂房

◆燃料芯块与燃料组件

　　在核燃料加工厂内，天然铀被加工成燃料芯块。这些燃料芯块一个挨一个地装在锆合金管内，成为燃料棒。几百根燃料棒组合在一起就是一个燃料组件。燃料组件放在反应堆压力容器中，成为核电站发电的"大本营"。

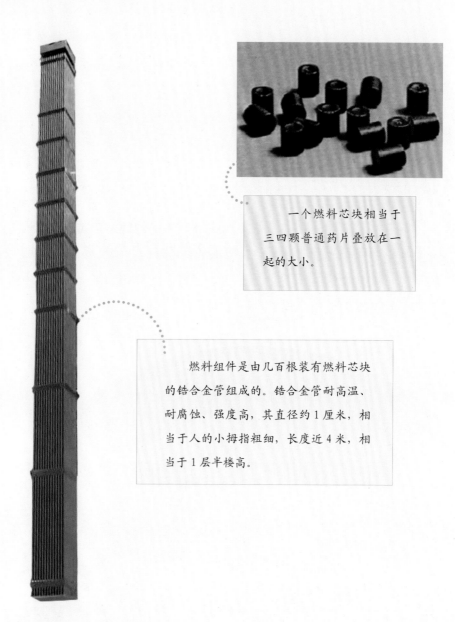

　　一个燃料芯块相当于三四颗普通药片叠放在一起的大小。

　　燃料组件是由几百根装有燃料芯块的锆合金管组成的。锆合金管耐高温、耐腐蚀、强度高，其直径约 1 厘米，相当于人的小拇指粗细，长度近 4 米，相当于 1 层半楼高。

◆反应堆压力容器

反应堆压力容器是核电站最重要的设备之一，是一个立式圆筒状设备，像一个超大号高密闭性、超级坚固的"高压锅"。以红沿河核电站为例，反应堆压力容器高约13米(4层楼高)，直径约4米，由高性能合金钢制成，其总质量达256吨，外壁厚达20厘米。正常工作时，反应堆压力容器内的压力达到155个大气压，相当于家用高压锅承受能力的85倍，或相当于一个魔方上站一头大象所承受的压力。

▲红沿河核电站1号机组反应堆压力容器吊装就位

"核反应堆"名称的由来

1942年，世界第一个人工控制的核裂变反应装置在美国芝加哥大学体育馆下面的实验室建成，因为核燃料是交错堆放起来的，形状像堆，所以"堆"的称谓便沿用下来。

 VS

▲核电站反应堆压力容器   ▲高压锅

反应堆压力容器与高压锅对比

类别	反应堆压力容器	高压锅
材质	特种合金钢	铝
压力	155 个大气压	1.8 个大气压
温度	平均 310 摄氏度	约 120 摄氏度
厚度	约 20 厘米	约 0.4 厘米
质量	约 256 吨	约 1 千克
开关	常年密闭使用	频繁开关
压力控制	先进设备仪器	泄压阀

核电站工作原理

以红沿河核电站为例，核电站工作时一般有 3 个回路，图中以三种不同的颜色来区分。粉色标识的是一回路，核裂变所产生的热量由此传递到蒸汽发生器，用以加热黄色标识的二回路水，进而推动汽轮发电机发电。蓝色标识的是三回路，海水经此带走余热，最后流入大海。

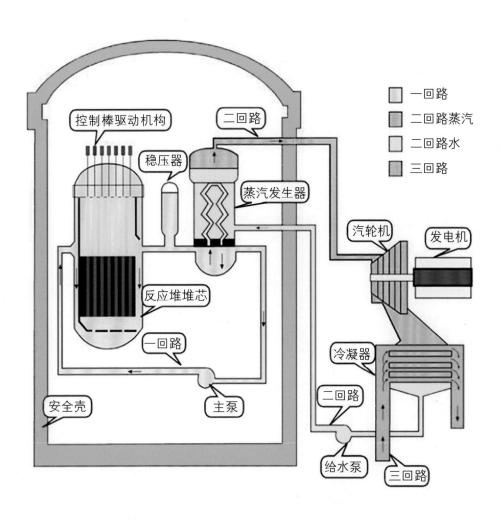

一回路
二回路蒸汽
二回路水
三回路

控制棒驱动机构
二回路
稳压器
蒸汽发生器
汽轮机
发电机
反应堆堆芯
一回路
冷凝器
安全壳
主泵
二回路
给水泵
三回路

▲ 红沿河核电站工作原理示意图

第四章

变废
为宝

生态环境保护任重道远，
垃圾减排减量刻不容缓；
打好蓝天、碧水、净土保卫战
需要全社会的共同努力。

1 为什么要进行垃圾分类

 新发现

目前，中国生活垃圾年产量为4亿吨左右，并以大约每年8%的速度递增。我国生活垃圾无害化处理主要有三种方式：填埋、焚烧和其他，其中以填埋方式进行无害化处理的生活垃圾约占60%。

然而，许多地区的填埋量已经到达能力上限，垃圾填埋对土地、空气、水资源等造成的污染触目惊心。

▲ 垃圾填埋污染环境

 超链接

1994 年建成的西安市灞桥区江村沟垃圾填埋场占地面积近 70 公顷，相当于 100 个足球场那么大，垃圾日处理量达 10 000 吨，是目前国内日处理量最大的垃圾填埋场。在原本的计划中，江村沟每日垃圾填埋量在 2 500 吨左右，原本能使用 50 年，结果提前 20 年就迎来了饱和。

知识库

用焚烧代替填埋，虽是解决垃圾包围城市问题的有效途径，但如果不进行垃圾分类，垃圾焚烧时会生成二噁英等有毒有害物质，危害生态环境和人类健康。为减少焚烧生活垃圾所带来的有毒有害物质，垃圾分类成为必不可少的一个步骤。

生活垃圾分类是指按照生活垃圾的不同成分、属性、利用价值、对环境的影响及处理方式的要求，将生活垃圾分成若干种类，从而有利于生活垃圾的回收利用与处理。通俗地说，就是在源头将生活垃圾进行分类投放，并通过分类收集、分类运输和分类处理，实现垃圾的减量化、资源化和无害化。

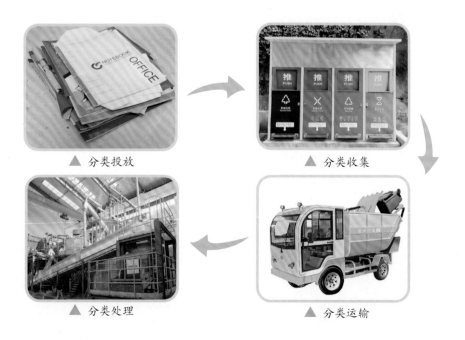

▲ 分类投放　　　　　　▲ 分类收集

▲ 分类处理　　　　　　▲ 分类运输

垃圾分类的意义

垃圾进行分类处理后，可以有效减少填埋量，实现减量化，从而节省宝贵的土地资源。

通过垃圾分类，将有用的物资从垃圾中分离出来单独投放，并重新回收利用，变废为宝，提高垃圾资源的利用水平。

进行垃圾分类，会降低后续处理难度，减少对空气、土壤、水资源等的污染，保护生态环境。

 环保行

从源头减少垃圾的产生、推动废旧物品的再利用、推广垃圾的热利用和最终无害化处理，是世界各国解决城市生活垃圾问题的主要措施。学习、借鉴先进的垃圾分类经验对推进垃圾分类工作具有重要意义。

◆德国

作为第一个为"垃圾经济"立法的国家，德国如今已废弃了垃圾填埋法。德国利用4种颜色的垃圾桶或储藏容器，实现垃圾的分类收集和分类处理。如果有人乱丢、乱放垃圾，一经发现会受到相应的处罚。

◀ 德国垃圾分类

◆日本

在日本，生活垃圾分类类别可达 20 种。在一些地方，扔一个塑料瓶至少要分三步：去瓶盖→去商标包装纸→投入"资源垃圾"箱。每户家庭的墙上都贴着垃圾回收的时间表，因为一周七天，每天收的垃圾种类都不一样。市民如违反规定乱扔垃圾，会受到相应处罚。

◆中国

我国城市垃圾分类推广工作已历时多年，早在 20 世纪 90 年代，北京就提出了垃圾分类政策。在我国，不同城市推行的垃圾处理政策不同，是根据各个地区的实际情况设置的。比如，北京推行垃圾分类试点社区，上海推行用回收物换礼品的奖励机制，深圳明确了分类技术标准，杭州实行垃圾分类实名制等。

▲ 中国垃圾分类箱

你所在的城市有哪些垃圾分类政策？落实情况如何？利用课余时间实地考察一下吧。

2 垃圾实物如何分类

 新发现

生活垃圾分类看似简单，但实际操作起来却存在许多问题。螃蟹壳、大骨棒、用过的餐巾纸……到底应该归为哪一类垃圾呢？

厨余垃圾　其他垃圾　可回收物

▲ 垃圾分类有困惑

 知识库

住房和城乡建设部 2019 年发布的《生活垃圾分类标志》国家标准将生活垃圾类别调整为可回收物、有害垃圾、厨余垃圾和其他垃圾 4 个大类。

可回收物

可回收物，即适于回收和资源化利用的垃圾，主要包括未被污染的废纸、废玻璃、废金属、废塑料、织物和瓶罐等。

◆可回收物类别及明细

类别	明细
纸类	报刊、图书、纸板、纸箱、宣传单、信封、文件袋、包装纸、饮料及牛奶等纸包装（利乐包装盒）、打印及复印纸、传真纸、便条、日历、笔记本、其他纸类
塑料橡胶类	塑料瓶罐盒（食用油瓶）、塑料盆桶、塑料餐具、塑料日用品、泡沫塑料、塑料玩具、橡胶球类、有机玻璃制品、其他类
金属类	钢铝易拉罐、金属制食品罐盒、餐具饮具、剪刀、铁钉、金属衣架、金属办公用品、其他金属等
玻璃类	玻璃容器、玻璃酒瓶、玻璃杯、其他玻璃
织物类	废旧衣物及其他织物

◆可回收物投放指导

1. 纸类应尽量叠放平整，纸板也应拆开叠放。
2. 牛奶利乐包装盒等食品包装盒应折叠压扁。
3. 瓶罐类物品应尽可能将容器内的产品用尽或倒尽，清理干净后再投放。
4. 玻璃类物品应小心轻放，最好用容器装好后再投放，以免割伤他人。
5. 织物类应打包整齐后，再投放。

有害垃圾

有害垃圾，即会对人体健康和自然环境造成直接或潜在危害的废弃物，主要包括废旧电池、油漆、灯管、水银温度计、过期药品、化妆品等。

◆有害垃圾类别及明细

类别	明细
电池电子类	废镍镉电池和氧化汞电池（包括手机、平板电脑、照相机使用的充电电池和纽扣电池），以及电子类危险废物
灯管类	日光灯、节能灯等废荧光灯管、灯泡
日用品类	过期药品及其包装物、废杀虫剂和消毒剂及其包装物、废水银温度计、废水银血压计、废胶片及废相纸、家用化学品
其他类	废油漆和溶剂及其包装物、废矿物油及其包装物

注：普通一次性电池不属于有害垃圾

◆有害垃圾投放指导

1. 投放废荧光灯管、灯泡时应打包固定，以防止灯管、灯泡中的有害汞蒸气挥发。

2. 现今生产的一次性电池已实现低汞和无汞化处理，可作为其他垃圾投放。除一次性电池外的二次电池（俗称"充电电池"，包括镍镉、镍氢、锂电池与铅酸蓄电池等）和纽扣电池等，均含有重金属，属于有害垃圾，要作为有害垃圾投放，不得随意丢弃。

3. 过期药品中的化学物质已失效或者变性，因此，过期药品及其包装物属于有害垃圾。

厨余垃圾

厨余垃圾是指居民日常生活及食品加工、饮食服务、单位供餐等活动中产生的易腐烂、含有机质的垃圾，包括丢弃的菜叶、剩菜、剩饭、果皮、坚果壳、蛋壳、茶渣、骨头等。

◆厨余垃圾类别及明细

类别	明细
米面肉类	未食用及食用残余的米饭、面条、麦片、豆制品、肉及肉干、动物内脏、蛋壳、贝壳、蟹壳、虾壳、废弃调味品、废弃食用油等
蔬菜水果类	根茎叶类蔬菜、未食用的水果及食用后的果皮果核、瓜子壳、花生壳、榴梿壳、椰子壳等
食品类	各类食品（包括过期食品）和宠物饲料等
其他类	茶叶渣、甘蔗渣、咖啡渣、中药渣、植物的残枝败叶等

◆厨余垃圾投放指导

1. 厨余垃圾应投放到专用的垃圾袋中。

2. 厨余垃圾含水量大，易腐烂变质，散发臭味，既影响周边环境，也容易在垃圾收运过程中出现污水滴漏等问题。因此，在投放时要沥干水分，扎紧袋口。

3. 厨余垃圾桶应盖好盖子，以免污染周围环境。

其他垃圾

其他垃圾是指除可回收物、厨余垃圾和有害垃圾外的垃圾种类。具体指危害比较小，没有再次利用价值的垃圾，如建筑垃圾、无法再生的生活用品等。

◆其他垃圾类别及明细

类别	明细
受污染与无法再生的纸张	卫生纸、面巾纸、湿巾纸、复写纸以及其他受污染的纸类物品
无法再生的生活用品	陶瓷制品、普通一次性电池、受污染的一次性用品、保鲜袋（膜）、妇女卫生用品、海绵、纸尿裤、玻璃纤维制品（如安全帽）等其他难以回收利用的物品
其他物品	烟蒂、尘土及其他无利用价值的物品

◆其他垃圾投放指导

1.用过的餐巾纸、纸尿裤等由于沾有各类污渍，无回收利用价值，应作为其他垃圾投放。

2.普通一次性电池（碱性电池）基本不含重金属，可作为其他垃圾投放。

超链接

垃圾分类收运管理模式

可回收物由收运企业或个人集中送往指定回收机构或由回收企业定时到投放点收购。

有害垃圾运送至环保部门指定地点，按照国家规定处置。

厨余垃圾由收运企业收集，运送至厨余垃圾处理厂。

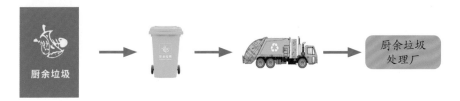

其他垃圾运送至中转站或垃圾处置厂（场），最终进行填埋或焚烧处置。

我国关于垃圾分类的法律法规

《中华人民共和国固体废物污染环境防治法》

第四十九条　产生生活垃圾的单位、家庭和个人应当依法履行生活垃圾源头减量和分类投放义务，承担生活垃圾产生者责任。

任何单位和个人都应当依法在指定的地点分类投放生活垃圾。禁止随意倾倒、抛撒、堆放或者焚烧生活垃圾。

机关、事业单位等应当在生活垃圾分类工作中起示范带头作用。

已经分类投放的生活垃圾，应当按照规定分类收集、分类运输、分类处理。

2020 年修订
2020 年 9 月 1 日
起施行

《中华人民共和国循环经济促进法》

第四十一条　县级以上人民政府应当统筹规划建设城乡生活垃圾分类收集和资源化利用设施，建立和完善分类收集和资源化利用体系，提高生活垃圾资源化率。

县级以上人民政府应当支持企业建设污泥资源化利用和处置设施，提高污泥综合利用水平，防止产生再次污染。

2018 年修正
2009 年 1 月 1 日
起施行

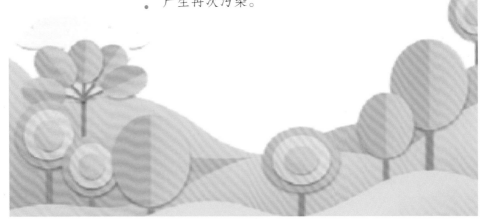

《城市市容和环境卫生管理条例》

第二十八条　城市人民政府市容环境卫生行政主管部门对城市生活废弃物的收集、运输和处理实施监督管理。

一切单位和个人，都应当依照城市人民政府市容环境卫生行政主管部门规定的时间、地点、方式，倾倒垃圾、粪便。

对垃圾、粪便应当及时清运，并逐步做到垃圾、粪便的无害化处理和综合利用。

对城市生活废弃物应当逐步做到分类收集、运输和处理。

2017 年修正
1992 年 8 月 1 日
起施行

2015 年修正
2007 年 7 月 1 日
起施行

《城市生活垃圾管理办法》

第十五条　城市生活垃圾应当逐步实行分类投放、收集和运输。具体办法，由直辖市、市、县人民政府建设（环境卫生）主管部门根据国家标准和本地区实际制定。

第十六条　单位和个人应当按照规定的地点、时间等要求，将生活垃圾投放到指定的垃圾容器或者收集场所。废旧家具等大件垃圾应当按规定时间投放在指定的收集场所。

……

禁止随意倾倒、抛撒或者堆放城市生活垃圾。

 **实践园**

居民生活垃圾分类小知识

常见垃圾	分类
菜帮菜叶、瓜皮果壳等生的植物性废弃物	属于厨余垃圾
剩菜剩饭、废弃油脂、废弃食品、动物性废弃物	属于厨余垃圾
纸巾（包括用过的纸巾和干净的纸巾）	因为其水溶性极强且不易回收利用，所以不属于可回收物，而属于其他垃圾
大骨头	因为不易腐烂，所以属于其他垃圾
纸制饭盒	因为已被污染，所以属于其他垃圾
塑料饭盒	先洗涤，然后投放到可回收物桶
撕碎的纸张	属于可回收物
塑料瓶、玻璃瓶	应先倒空瓶内物体，再作为可回收物投放
包装盒、包装纸等	洁净的，属于可回收物；被污染的，属于其他垃圾
牛奶杯、盒等利乐包装	洗净后，作为可回收物投放
洗衣粉、洗面奶等洗涤化妆用品	用品本身属于有害垃圾，但其包装瓶、盒等洗净后，可作为可回收物投放

了解了这些知识，以后在垃圾分类投放时，就不会弄错了。

3 垃圾分类 从我做起

新发现

你家的日常垃圾是怎么处理的？你生活的小区、你的学校和班级呢？

一般都是装到垃圾袋里扔掉，废旧报纸、书本卖掉。

这是以前的垃圾处理方式，今天给你说说垃圾分类新方法。

知识库

垃圾分类，是按一定规定或标准将垃圾分类储存、分类投放和分类搬运，从而转变成公共资源的一系列活动的总称。垃圾分类的目的是提高垃圾的资源价值和经济价值，力争物尽其用。

可回收物是指适于回收循环使用和资源利用的废物。主要包括：

1. 纸类，包括未被污染的文字用纸、包装用纸和其他纸制品等，如报纸、各种包装纸、办公用纸、广告纸张、纸盒等。

2. 塑料，包括废塑料容器、塑料包装等塑料制品，如各种塑料袋、塑料瓶、泡沫塑料、一次性塑料餐具、硬塑料等。

3. 金属，包括易拉罐、铁皮罐头盒、铁钉、螺钉等。

4. 玻璃，包括有色和无色玻璃制品。

5. 织物，包括旧纺织衣物和纺织制品。

不可回收垃圾指除可回收物之外的垃圾，常见的有在自然条件下易分解的垃圾，如果皮、菜叶、剩菜、剩饭、花草、树枝、树叶等，还包括烟蒂、煤渣、建筑垃圾、油漆颜料、食品残留物等废弃后没有利用价值的垃圾。

《生活垃圾分类标志》规定的有害垃圾、厨余垃圾及其他垃圾都属于不可回收垃圾。

有害垃圾会对人体健康或生态环境造成现实危害或者潜在危害，需要采用特殊方法安全处理。

厨余垃圾中的水分与有机质含量很高，经过妥善处理和加工，可以转化为肥料、饲料，也可以产生沼气用作燃料或发电，还可以用于制备生物燃料。

思辨台

1. 垃圾分类投放有哪些益处？

2. 废电池属于哪种垃圾？

3. 查找资料了解什么是建筑垃圾和医疗垃圾，以及正确的处置方法。

 实践园

了解了垃圾分类的知识，现在让我们来做个"帮垃圾找家"游戏，看看谁能把写有垃圾的卡片投入正确的垃圾桶。

▲ "帮垃圾找家"游戏

超链接

龙岗能源生态园

随着我国城市固体废物数量的日益增多，以及对能源的巨大需求，垃圾焚烧发电正成为主流的解决办法，越来越多的垃圾焚烧发电厂也正在中国兴建。位于深圳市东部的龙岗能源生态园是集"生产、办公、生活、教育、旅游"五位一体的高标准大型垃圾焚烧发电综合体项目。2019年12月31日，龙岗能源生态园168小时试运行取得圆满成功，各项指标优良。龙岗能源生态园投入运营后，垃圾日处理量可达5 000吨，有效缓解了深圳市生活垃圾处理压力，大幅提高了深圳市生活垃圾处理的减量化、无害化、资源化程度，对深圳市控制环境污染、改善区域环境、打造宜居城市起到了巨大的推动作用。

这座巨大的圆形建筑是龙岗能源生态园中的垃圾焚烧发电厂。其屋顶面积近6.6万平方米，其中约4万平方米被铺上光伏板，使建筑本身可通过太阳能实现可持续供能。剩余的约2.6万平方米则用于屋顶绿化、设置水回收系统以及天窗。

该项目旨在提供一个清洁、简单、现代化的技术设施，以应对城市不断增多的固体废物。

4 请把垃圾送回它的"家"

 新发现

　　践行垃圾分类，是全社会的责任。开展垃圾分类教育，更要从青少年抓起。比如，在校园里成立垃圾分类管理委员会或垃圾分类小组，让孩子们从小养成垃圾分类的好习惯，对推行垃圾分类工作具有积极意义。

思辨台

你能帮这些垃圾找到"家"吗？

水性笔芯

虾壳

香蕉皮

饼干包装

一次性电池

口香糖

可回收物　　有害垃圾　　厨余垃圾　　其他垃圾

实践园

◆ "垃圾分一分，校园美十分"活动

开展"垃圾分一分，校园美十分"活动。总结近期学校垃圾分类情况，推广各班级垃圾分类的好做法，表扬在垃圾分类实施过程中发现的好人好事，指出模糊认识和不良行为，以实物展示的方式向大家普及正确的垃圾分类方法，提示大家遵守垃圾分类的原则，做自觉践行垃圾分类工作的环保小达人。

学校专门成立了生态委员会，通过校本课、专家讲座等活动积极践行校园生活垃圾分类。

生态委员会设立了环保基金，将可回收物变卖后的资金用于开展环保活动或奖励环保小先锋。

◆ "小手拉大手" 活动

通过知校平台发布《致家长一封信》，以及垃圾分类指导手册内容，向家长宣传生活垃圾分类的相关政策和要求，普及垃圾分类知识和方法。要求孩子们与家长一同学习，在家中主动尝试垃圾分类。鼓励和引导孩子们成为家庭生活垃圾分类"小小培训员"，通过"小手拉大手"的形式，带动各自家庭参与、践行生活垃圾减量与分类收集，使垃圾分类成为生活习惯，努力营造优美的社会环境。

◆ 宣传海报设计活动

发动全校学生将学到的垃圾分类知识通过海报、手抄报等图文并茂的形式展示出来，分享对垃圾分类、绿色环保理念的理解，以大胆的创意、丰富的色彩、鲜活的形象，展示对建设美好家园的畅想，争做垃圾分类的倡导者和宣传员。

▲ 垃圾分类手抄报

环保行

开展"奉献在社会——小义工环保绿色行"清理海滨浴场垃圾活动。

清理草坪中的垃圾 ▶

　　在社区工作人员的带领下，孩子们不畏酷热，弯腰捡起海滩、草坪和步道上的纸巾、果皮、食品包装袋等生活垃圾。一路上，孩子们专注地盯着地面搜寻垃圾，不到半小时，每个人的垃圾袋中都已经"战果累累"了。在沿途捡垃圾的过程中，很多在海边休闲的游客也被孩子们的行为感染，纷纷加入捡垃圾的行列。

　　看着干净的沙滩和绿油油的草坪，每个孩子的脸上都洋溢着笑容。

　　这次清理海滨浴场垃圾活动，不仅锻炼了孩子们吃苦耐劳的坚强意志，也增强了他们的社会实践能力和环保意识。

▶ 清理沙滩上的垃圾

5 探秘垃圾焚烧发电

新发现　　　　分类后的生活垃圾会被运送到特定场所进行处理。目前，生活垃圾的处理方式主要有填埋、焚烧、堆肥等。其中，垃圾焚烧发电是当前国际上垃圾处理的主要方式。

知识库

垃圾焚烧发电是将生活垃圾在高温下燃烧，使生活垃圾中的可燃废物转变为二氧化碳和水等，产生的余热用于发电，产生的废气、飞灰进行无害化处理。

垃圾焚烧发电的主要优势包括：

★项目用地省。同样的垃圾处理量，垃圾焚烧厂需要的用地面积只是垃圾填埋场的 1/20~1/15。

★处理速度快。垃圾在卫生填埋场中的分解时间通常需要 7~30 年，而焚烧处理只要 2 个小时左右就能处理完毕。

★减量效果好。同等量的垃圾，通过填埋约可减量 30%，而通过焚烧约可减量 90%。

★污染控制好。如今，垃圾焚烧厂采用了现代先进的焚烧工艺技术，按照国家标准建设和运行，实现了渗滤液和生产污废水的零排放，烟气经过严格的净化处理达标排放。

能源利用高。每吨垃圾焚烧可发电 300 多度，大约每 5 个人产生的生活垃圾，通过焚烧发电可满足 1 个人的日常用电需求。

<h2 style="text-align:center">三种垃圾处理方式对比</h2>

处理方式	主要优点	主要缺点	适用性
填埋	操作简单； 运营费用低	占地面积大； 恶臭污染较重； 需要铺设大面积的防渗膜； 需要处理填埋气和渗滤液； 对地下水和土壤有危害	人少地多的地区，比如我国中西部城市
焚烧	占地面积小； 减量化效果显著（体积减小约90%，重量减少约75%）； 无害化较彻底； 垃圾资源化利用（回收电能和热能）	投资大； 产生二噁英； 对垃圾热值要求较高	人多地少的地区，比如我国东部发达城市
堆肥	资源化效果显著	对垃圾中有机质的含量要求较高； 肥料中重金属含量不易控制，可能污染农田土壤； 肥料销售区域和竞争力有限	肥料运输距离适中且销路有保障的地区

 超链接

　　垃圾焚烧技术产生于19世纪末。1896年，德国汉堡建成了世界上第一座垃圾焚烧厂。如今，垃圾焚烧技术已基本成熟，焚烧已经成为许多国家和地区处理城市生活垃圾的主要方式。我国第一座现代化垃圾焚烧发电厂是于1986年在深圳建设的深圳清水河垃圾焚烧发电厂。随着《"十三五"全国城镇生活垃圾无害化处理设施建设规划》文件出台，多家知名公司先后投身垃圾焚烧发电的建设领域。

通过参观固废处理企业，人们可以了解更多有关垃圾焚烧发电的知识。

以某固废处理公司为例，那里不仅提供展示台、沙盘等，让人们对固废处理形成宏观印象，还利用控制室、生产区域向人们直观展示固废处理的详细过程。

◆垃圾分类认知实物

通过图文、实体方式，宣传可回收物、有害垃圾、厨余垃圾和其他垃圾分类知识。

◆废物利用展示台

专门为幼儿园及小学生等年龄较小的公众设置，旨在引起他们的参观兴趣，使其树立"垃圾是放错了地方的资源"的环保意识。

▲ 废物利用展示台

◆厂区沙盘

用于介绍固废处理企业的整体布局和垃圾焚烧处理各单元的主要功能，主要设施包括垃圾收运及储存系统、焚烧系统、烟气净化系统、汽轮机及发电系统、渗滤液处理系统以及其他配套设施。

◆控制室

公众可在控制室参观区域参观中央控制系统，观看操作人员的工作流程，直观感受现代化先进设备对固废处理环节的精准控制。在这里，专业讲解人员也会对感兴趣的公众进行详细讲解。

◆电子显示屏

通过影像介绍垃圾处理流程等具体实施过程，如烟气净化系统采用的先进烟气处理工艺等。

▼ 生活垃圾焚烧处理工艺流程

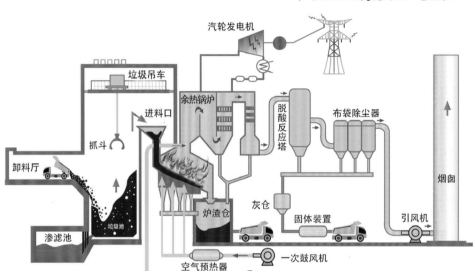

◆生产区域

透过观光玻璃可以直观地看到生产区域各处理设施的整体样貌及运行状态。

◆垃圾吊操作室

在此可以看到垃圾车辆在专业人员的指挥下和操作人员的精准控制下，有条不紊地卸料，并将其投入炉内进行焚烧。

▲ 用抓斗将垃圾投入焚烧炉

6 生活污水变"清泉"

新发现 家里卫生间、厨房用过的水中含有各种污染物，如果随意排放，使水中的污染物进入空气、土壤、水体等环境，会对人们的生产、生活造成不利的影响。这些生活中产生的污水都流到哪里去了呢？

知识库

人们在生活中用过的水，其原有的化学成分和物理性质已经发生了改变，受到了污染，这些水被称为生活污水。

▲ 洗碗产生污水

▲ 洗书包产生污水

第四章 变废为宝

157

生活污水要经过大约五个"站点"才能排放到环境中。

站点1 洗手池

像洗手池这样的室内卫生设备既是用来收集生活污水的容器，又是生活污水排水系统的起端设备。

生活污水流入室内污水管道，并与其他住户的生活污水汇合，一起流入居住小区污水管道系统或市政污水管道系统，从支管到干管再到主干管。

站点2 管道

站点3 泵站

由于大部分污水无法经由一根向下倾斜的管道直接送到污水处理厂，所以需要在中间设置数个泵站，并由压力管道将泵站流出的污水压送至高低自流管道或至污水处理厂的承压管道。

进入污水处理厂的生活污水经过一系列生化处理后，会变得干净清澈。

站点4 污水处理厂

站点5 出水口

污水排入水体的渠道和出口就是出水口，是整个城市污水排水系统的重点设备。城市污水不仅可以排放水体，还可以灌溉田地、回用等。

超链接

污水处理厂是城市污水排水系统的关键组成部分，它是用于处理和利用污水、污泥的一系列构筑物及附属构筑物的综合体。

污水处理可以改善水质，促进水循环，改善生态环境，是水资源可持续利用的有效途径。

▲ 污水处理厂

 环保行

很多污水处理厂同时也是污水处理环境教育基地。在污水处理环境教育基地，人们可以了解生活污水处理及再生利用的相关知识。

生活污水进入污水处理厂之后，要经过预处理、二级处理和深度处理等环节，才能变"清泉"。

格栅　格栅用于拦截水中的垃圾，并通过喷洒植物液有效解决异味问题。

提升泵房　提升泵房的作用是将经过格栅处理后的污水提升到后续的处理单元。

二级处理

生化池　生化池利用活性污泥法转化、排出污水中的污染物以达到水质净化的目的。

二沉池　二沉池是二级处理的重要单元，是进行泥水分离的重要环节。这里分离出的污泥一部分会重新回到生化池进行微生物菌群的培养，另一部分会输送到污泥脱水间进行压泥外排处理。

◀ 深度处理

深度处理运用的是紫外线消毒杀菌的方法。这是一种物理方法，不产生有毒有害物质，杀菌效率高，运行安全可靠，生态环保，而且经过消毒处理后的水已经达到国家要求的一级 A 标准，接近地表水 IV 类标准，可以排入海洋。但我们排海的水量很少，约 75% 的出水都再生利用了。

再生水是经过深度处理后达到可以回收利用标准的水。首创恒基年产高品质再生水 1 500 万吨，相当于一个中型水库的规模。再生水用作城市绿化水、生产工艺水等，可以有效缓解城市水资源短缺的状况，获得良好的社会、经济、环境效益。

▲ 再生水

第四章 变废为宝

第五章

绿色
生活

追求绿色新时尚，
从生活中的细节做起，
成为绿色文明的行动者。

1 小布袋回来了

 新发现 日常生活中，你周围的人都用什么材质的购物袋？你和家人在购物的时候，用的又是哪种袋子呢？

▲ 塑料袋

▲ 布袋

▲ 纸袋

 **知识库**

塑料袋是人们日常生活中常见的用品。因其价廉、重量轻、容量大、便于收纳而被广泛使用，但因其降解周期极长、处理极困难，已成为环境保护的一大难题。

▼ 令人触目惊心的"白色污染"

2008 年 6 月 1 日起，我国实行"限塑令"：在所有超市、商场、集贸市场等商品零售场所实行塑料购物袋有偿使用制度，一律不得免费提供塑料购物袋。在全国范围内禁止生产、销售、使用厚度小于 0.025 毫米的塑料购物袋。

虽然"限塑令"已经实行多年，但是使用塑料袋是老百姓的一种生活习惯。而要彻底改变这种习惯，还需要人们不断努力。

环保布袋是可以长期反复使用的布制袋子，具有环保、耐用、经济、时尚等特点，布料的颜色也比较多，还可以通过丝印或烫画的方式体现使用者的个性。其洗涤带来的污染也明显低于塑料购物袋废弃后对环境和土壤的污染程度，更具环保性。

个性布袋 ▶

纸袋可印刷多种图案，设计多样，韧性比较强，也受到人们的广泛欢迎。纸袋的生产原料是植物，虽然比较容易降解，但是会消耗大量植物资源，生产过程中还会造成水污染和大气污染等。

▲ 常见纸袋

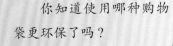

你知道使用哪种购物袋更环保了吗？

 实践园

塑料袋的确给人们的生活带来了许多方便，可是塑料袋的使用也给环境带来了极大的危害。请写下你的想法。

采访你的家人、邻居、老师和同学，调查一下他们在日常生活中使用购物袋的材质，选择有价值的信息记录下来。也可以自己查阅资料，收集一些关于购物袋材质的信息，分享给大家。

小组活动调查表

活动主题	
组长	组员
活动目的	
活动过程	
查阅的资料	

 环保行

　　保护环境，从小做起。让我们行动起来，倡议人们使用环保布袋，不用一次性塑料袋。

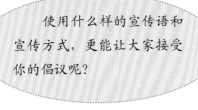

使用什么样的宣传语和宣传方式，更能让大家接受你的倡议呢？

举行环保布袋创意设计比赛。

走上街头，倡议人们使用环保布袋。

 展评窗

在"小布袋回来了"主题活动中，你表现得如何？快来评一评吧！

活动评价表

评价内容	自我评价		他人评价		总评
	满意	不满意	满意	不满意	
主动与同学合作					
主动获取知识					
参与的积极性高					
实践能力强					
提出合理化建议					

本次主题活动结束了，请把你的收获写一写，与伙伴分享吧！

活动心语

2 一起做书签

 新发现

"小小卡片书中夹，一下就能找页码。增长见识又美观，送给朋友心意佳。"你猜到这小小卡片是什么了吗？它就是书签。

 超链接

书签早在两千多年前的春秋战国时期就出现了，当时的书签是用象牙制成的，被称为"牙黎"或"牙签"，它是插在卷轴书内使用的。到了唐代，书签变薄了，由骨片或纸板制成，有的还在薄片上贴一层有花纹的绫绢。到了宋代，书签基本定型，和我们现在使用的差不多。随着时代的发展，书签也变得越来越精美了。

▲ 牙黎

▲ 书签

书签的材质多样，有纸质的、木质的、金属的，还有叶脉、塑料等其他材质的。你知道下面这几种精美的书签是如何制作的吗？你喜欢哪一种呢？

书签制作探究表

书签	材料	特色

 实践园

书签上的常见图案有动物、植物、人物、风景、建筑等，还有用文字来装饰的。

用废旧物品和生活中常见的材料也可以制作精美的书签。自己亲手制作的书签不仅有实用价值，还能传达心意，更蕴含着绿色生活的新理念。

◀自制书签

自制植物书签

◎材料：花瓣、树叶、草叶等。
◎工具：胶水、棉签、硬卡纸、剪刀、透明胶带或塑封膜等。

将花瓣和树叶压平、风干。

把硬卡纸裁剪成适当尺寸,再将四角修剪整齐。

用透明胶带或塑封膜进行塑封。这样，植物书签就不容易损坏了。

用棉签和胶水将花瓣、树叶粘在修剪好的硬卡纸上。

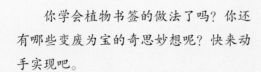

你学会植物书签的做法了吗？你还有哪些变废为宝的奇思妙想呢？快来动手实现吧。

 展评窗

我喜欢画画。这是我设计的书签。

我喜欢剪纸。快来瞧瞧我的设计。

卡通人物书签、剪纸书签、树叶书签、折纸书签……大家的奇思妙想让小小的书签变得与众不同。你制作的书签是什么样的呢？快来展示一下。

书签设计与评价表

材料准备	
制作方法	
作品亮点	
活动评价	
反思改进	

3 用废旧材料制作相框

新发现

伙伴们，看到了吗？这是我给照片设计的漂亮"外衣"。你能猜出我用了哪些废旧材料，我是怎么做的吗？

▲ 用废旧材料制成的相框

第五章 绿色生活

173

知识库

　　废旧材料是人们日常生产和生活中产生的可以被重复利用的安全又卫生的废品。废旧材料的种类很多，生活中常见的有废纸、包装盒、塑料瓶、雪糕棒、扣子、布料等。巧妙利用废旧材料，让旧物焕发新生机，体现了低碳、绿色、环保的生活新风尚。

　　　　还有哪些废旧材料
可以用来做相框？还有什
么特别的制作方法呢？

相框设计方案

材料	制作方法

实践园

选择一张自己喜欢的照片，为它量身定制一件美丽"外衣"吧！

制作相框

1. 根据照片尺寸确定相框的大小。
2. 设计相框底板样式。
3. 设计相框边框样式。
4. 选择制作底板的材料。
5. 选择制作边框的材料。
6. 制作并完成。

> 制作完成后可以展示、交流自己的作品，看看谁的创意最新颖、谁的制作最精良。

一张张穿上漂亮"外衣"的照片，还可以在我们的精心装扮下住进舒适的"房子"，变成一本本精美的相册，快来动手试试吧！

制作相册

1. 选择几张自己喜欢的照片。
2. 做好每一页的设计、粘贴和装饰。
3. 可以给照片配上文字说明或插画。
4. 装订成册。

> 制作前要准备好各种材料和用具，制作时要注意安全，制作后要及时处理垃圾。

可以用文字将照片的故事
记录在相册上，使其成为美好
回忆的记录册。

可以加上塑料保护套
以便更好地保存照片，还
可以打眼后再系上彩绳进
行装饰。

在制作相框与相册的过程中，你还有哪些创意和想法呢？

展评窗

你的相框、相册制作得怎么样？快展示给伙伴们看一看，一起做个总结吧！

活动评价表

评价项目		评价结果
废旧材料制作相框	设计	新颖有创意□　简洁实用□　还需努力□
	制作	精美□　　一般□　　还需努力□
	美观指数	☆　　☆　　☆　　☆　　☆
	改进办法	
我的成长相册	相册样式	
	制作	精美□　　一般□　　还需努力□
	照片故事	图文搭配描述生动□　图文搭配描述平淡□ 还需努力□
	美观指数	☆　　☆　　☆　　☆　　☆
我最喜欢的作品		
他人给我的建议		

在制作活动中，你遇到了哪些困难，获得了哪些帮助？有哪些活动经验要分享给大家？

4 报纸的另类功能

 新发现

报纸自诞生到如今已经走过了漫长的岁月。公元前 60 年，古罗马政治家恺撒把当时发生的事件书写在白色的木板上告示市民。这便是西方最古老的报纸。汉代的邸报是中国最早的报纸。

如今，报纸在人们的日常生活中很常见，一些人觉得看过的报纸就没有用了。你知道吗？其实报纸的用途还真不少。

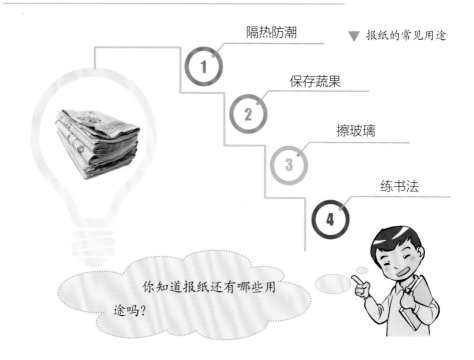

▼ 报纸的常见用途

1 隔热防潮

2 保存蔬果

3 擦玻璃

4 练书法

你知道报纸还有哪些用途吗？

报纸与打印纸、硬卡纸、卫生纸比较起来，有什么相同点和不同点呢？我们可以怎样利用报纸的这些特点呢？

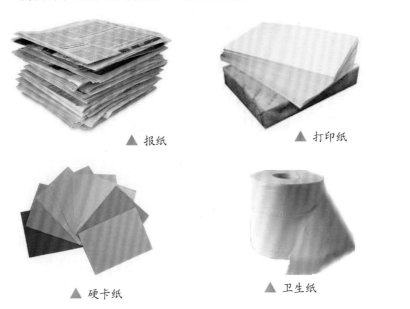

▲ 报纸　　　　　　　　▲ 打印纸

▲ 硬卡纸　　　　　　　▲ 卫生纸

纸张探究记录表

探究方法	报纸	打印纸	硬卡纸	卫生纸
折一折				
用手揉搓				
放到水里				
撕开				
……				
……				
我们的发现				

实践园

据说有人将旧报纸编成纸绳，并用纸绳进行了一场拔河比赛。这是真的吗？咱们一起做个实验研究一下吧。

纸绳实验记录表

测试方法	编纸绳的方法	测试结果
我们的发现		

编好的纸绳在生活中有哪些妙用呢？看看下面的生活用品，自己尝试动手做一做吧。

▲ 花瓶

报纸上的油墨对人体有害，制作完成后记得好好洗手哦！

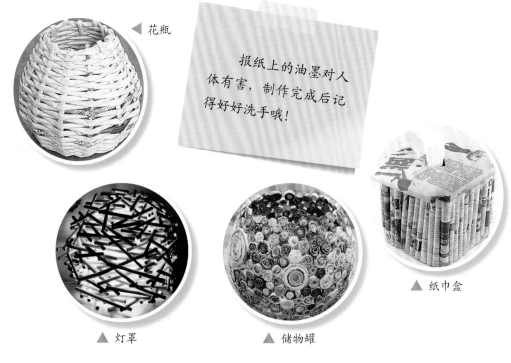

▲ 灯罩

▲ 储物罐

▲ 纸巾盒

我要做个小花瓶，你呢？

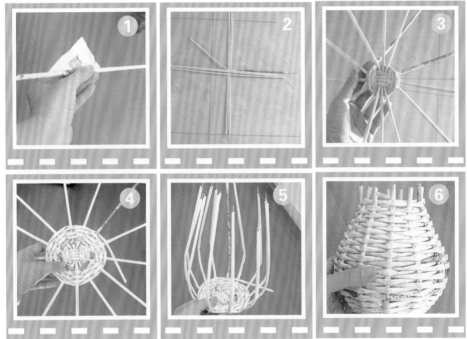

有的同学还将废旧报纸巧妙设计成了一件件漂亮的服饰进行时装表演。咱们也来试试吧！

▼ 报纸变服饰

我的报纸服装设计图

思辨台

　　随着电子媒介的发展，越来越多的人对报纸产业的未来做出了悲观的预言。报纸的未来会是什么样的呢？请你收集相关信息，与朋友们交流你的看法。

5 餐桌上的秘密

新发现

人类的生存离不开食物。随着生活水平的提高，人们的饮食观念也从吃得饱、吃得好，向吃得安全、吃得健康转变。

知识库

绿色食品

绿色食品是指按特定的生产方式生产，并经国家有关机构认定，准许使用绿色食品标志的无污染、无公害、安全、优质、营养型的食品。

在许多国家，绿色食品又有着许多相似的名称和叫法，如"生态食品""自然食品""蓝色天使食品""健康食品"等。因为国际上习惯用"绿色"称呼保护环境和与之相关的事业，所以，为了突出食品产自良好的生态环境和严格的加工程序，在我国常被统一称作"绿色食品"。绿色食品、有机食品等有特定的标志。

▲ 几种食品标志

低碳饮食

如今，"低碳"生活是被人们所推崇的优质生活方式。那么，在健康饮食方面如何能做到"低碳"呢？简单来说，就是尽量减少煎、炒、炸，而多采用蒸、煮、炖的方式烹饪食物。

采用蒸、煮、炖的方式烹饪的食物，所保留的营养成分要远远高过使用煎、炒、炸等方式烹饪的食物，对于大米、面粉、玉米面等食物来说，其营养成分可保留95%以上。研究证实，烹饪食物的温度越高，产生的有害物质就越多，食物中的营养成分越难被人体消化吸收和代谢。与油炸等高温烹饪方式相比，蒸、煮、炖等属于低温烹饪方式，烹饪温度始终保持在100 ℃上下，避免了油炸等高温造成的食材成分变化所产生的毒素。并且，在蒸、煮、炖的过程中，食材中的油脂会随着蒸汽逐渐释放，从而降低食物的油腻度，更有利于人体对营养成分的消化吸收。

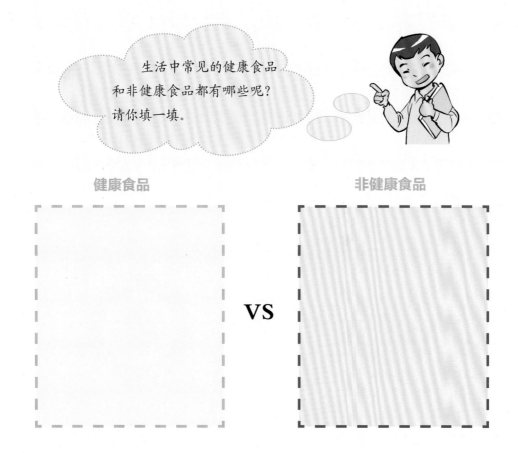

生活中常见的健康食品和非健康食品都有哪些呢？请你填一填。

健康食品　　　　非健康食品

VS

 实践园

让我们来做一道健康低碳的美味佳肴吧!

健康低碳菜肴推荐表

我做的健康低碳菜肴	
用料及烹饪方法	
推荐理由	

▲ 沙拉

▲ 蒸鱼

学习了绿色低碳食物的相关知识后,你一定有很多收获吧? 让我们一起来总结并制作成手抄报吧!

展评窗

学习、调查了有关食物的知识之后，大家一定会更重视饮食健康。请把你印象最深的内容讲给家人听一听。

在烹饪健康低碳食品和制作手抄报的活动中，你对自己的表现满意吗？快来评一评吧。

活动评价表

评价方式	材料准备	参与程度	自主学习	作品效果	综合评价
自我评价	☆☆☆☆	☆☆☆☆	☆☆☆☆	☆☆☆☆	☆☆☆☆
他人评价	☆☆☆☆	☆☆☆☆	☆☆☆☆	☆☆☆☆	☆☆☆☆
活动反思					

6 为被动吸烟者呼吁

新发现　众所周知，吸烟有害健康。看了下面的漫画，你有什么想法？

▲ 一组被动吸烟漫画

知识库

什么是被动吸烟？

被动吸烟是指不愿吸烟的人无可奈何地吸入别人吐出来的烟气和香烟燃烧时散发在环境中的烟雾。被动吸烟又称"强迫吸烟""间接吸烟""吸二手烟"等。

被动吸烟的危害

国家卫生健康委员会发布的《中国吸烟危害健康报告 2020》指出：烟草烟雾中含有至少 69 种致癌物，吸烟会严重危害人体健康。吸烟可导致喉癌、食管癌、肺癌、胃癌、肾癌、膀胱癌、宫颈癌、卵巢癌、胰腺癌、肝癌等，增加急性白血病、鼻咽癌、结直肠癌、乳腺癌的发病风险。吸烟还会损害呼吸系统、神经系统、消化系统等，引发多种心脑血管疾病和糖尿病。

二手烟既包括吸烟者吐出的主流烟，也包括从纸烟或烟斗中直接冒出的侧流烟，而且许多化合物在侧流烟中的释放率往往高于主流烟。二手烟中含有大量有害物质与致癌物，非吸烟者暴露于二手烟环境中，同样会增加吸烟相关疾病的发病风险。有证据表明，二手烟并没有所谓的安全水平，短时间暴露于二手烟环境中也会对人体健康造成危害，排气扇、空调等通风装置也无法完全避免非吸烟者吸入二手烟。

被动吸烟的危害还有哪些？

 实践园

我们来做个调查，看看身边的人对被动吸烟危害的了解程度。

被动吸烟危害调查问卷

问题	选项
1.你是被动吸烟者吗？	是（ ）否（ ）
2.你认为家人或朋友吸烟对你会造成伤害吗？	是（ ）否（ ）
3.你知道被动吸烟者会受到哪些伤害吗？	是（ ）否（ ）
……	

环保行

　　展开小组讨论，选择合适的活动形式，制订切实可行的实施方案，开展一次"为被动吸烟者呼吁"的主题环保宣传活动。

我觉得写倡议书，更能让人印象深刻。

用手抄报的形式也可以，比较形象生动。

我觉得还可以……

宣传方案

宣传主题：

宣传口号：

宣传方式：

全面戒烟

你在"为被动吸烟者呼吁"主题活动中表现得怎么样？请为你的表现做一个总结吧！

活动收获

7 节约用水小妙招

新发现 水利部发布的 2020 年度《中国水资源公报》数据显示：2020 年，全国水资源总量为 31 605.2 亿立方米，人均水资源占有量为 2 994 立方米。

知识库

地球上的淡水资源不足总水量的 3%，其中可供人类开发利用的淡水仅有约 0.3%。人类社会的高速发展，使水资源供需形势日趋严峻。我国虽然水资源总量大，但人均占有量少，仅为世界平均水平的 1/4，因此，我国是一个贫水国家。有专家指出：我国从 2010 年开始已进入严重缺水期，节约用水刻不容缓。

▲ 缺水地区用水难

▲ 土地缺水

水并不是取之不尽、用之不竭的。水资源如此宝贵，节约用水就要从身边的小事做起。

淘米水，来洗碗。
洗衣水，拖地板。
洗澡剩水用盆接，
冲洗马桶多方便。

一水多用 ▶

你还知道哪些节约用水的小窍门？说一说，写一写吧！

超链接

　　节约用水不仅要从每个人做起，从每个家庭做起，还需要全社会的共同努力。2019年4月，国家发改委、水利部联合印发《国家节水行动方案》，大力推动全社会节水，全面提升水资源利用效率，形成节水型生产生活方式，保障国家水安全。

 实践园

为了呼吁人们节约用水，增强节水意识，我们来设计节约用水宣传标语和宣传画吧。

▲ 节约用水宣传标语和宣传画

看了这些设计方案，你有灵感了吗？把你的设计画下来。

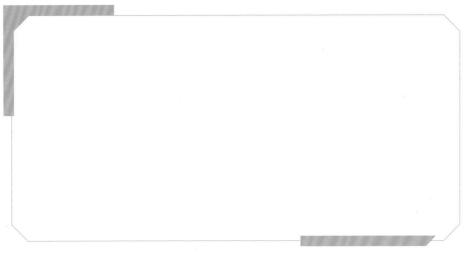

展评窗

在"节约用水小妙招"主题活动中，你哪些地方做得好，又有哪些不足之处呢？快来评一评。别忘记每天都要节水哦！

活动评价表

评价内容	自我评价	他人评价
查找窍门多	⬭⬭⬭⬭⬭	⬭⬭⬭⬭⬭
认真创作作品	⬭⬭⬭⬭⬭	⬭⬭⬭⬭⬭
积极参加节水宣传活动	⬭⬭⬭⬭⬭	⬭⬭⬭⬭⬭
坚持每天节约用水	⬭⬭⬭⬭⬭	⬭⬭⬭⬭⬭
活动反思		

8 低碳生活

 新发现

地球是人类赖以生存的家园。由于人类对大自然无节制的索取，使环境问题日益突出。人类还不断地向空气中排放废气，引发温室效应，使气候变暖，冰川消融。

▲ 冰川融化

思辨台

1. 人类面临的温室效应问题有哪些？你可以举出哪些例子？

2. 如何缓解温室效应？

知识库

什么是低碳生活?

全球气候变化是人类迄今面临的最为严重的环境问题之一。200 多年来，随着工业化进程的推进，大量温室气体（主要是二氧化碳）的排放，导致全球气温升高、气候发生变化，这已是不争的事实。此外，全球变暖也使冰川开始融化，进而导致海平面升高。芬兰和德国学者公布的一项调查显示：21 世纪末海平面可能升高 1.9 米，远远超出此前的预期。如果照此发展下去，南太平洋岛国图瓦卢将可能是第一个消失在汪洋中的岛国。

低碳生活，是指尽量减少生活中所耗用的能量，减少二氧化碳排放量的生活方式。低碳生活有助于减少大气污染，减缓生态环境恶化。

▲ 低碳生活宣传画

低碳生活如何实现？

"低碳生活"虽然是近些年才提出的新概念，反映的却是世界可持续发展的老问题，它折射出人类因气候变化而对未来产生的担忧。全球变暖等气候问题使人类不得不正视对生态环境的保护。人类意识到生产和消费过程中出现的过量碳排放是形成气候问题的重要因素之一，因而要减少碳排放就要相应优化和约束某些消费和生产活动。但是专家也指出，低碳生活要建立在正确的常识之上，不能盲目地进行所谓的低碳生活。

思辨台

1. 家用电器如何实现低碳使用？
2. 在日常生活中，还有哪些做法是低碳生活的表现？

◆低碳使用洗衣机

在同样长的洗涤时间里，弱挡工作时，电动机启动次数较多，也就是说，使用强挡其实比弱挡省电，而且可以延长洗衣机的寿命。按1680转/分（只适用波轮洗衣机）的转速脱水1分钟计算，脱水率可达55%。一般脱水不超过3分钟，再延长脱水时间意义不大。

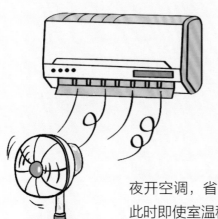

◆低碳使用空调

空调启动瞬间电流较大，频繁开关不但相当费电，而且容易损坏压缩机。将电风扇放在空调内机下方，利用电风扇的风力可以提升制冷效果。空调开启几小时后关闭，马上开启电风扇。晚上用这个方法，可以不用整夜开空调，省电近50%。将空调设置成除湿模式，此时即使室温稍高也能令人感觉凉爽，而且比制冷模式省电。

▲ 将电风扇与空调结合使用

◆低碳照明

尽量使用节能灯具，养成随手关灯的习惯。对于可调亮度的灯具可以按照实际需求调节亮度，节约用电。

随手关灯 ▶

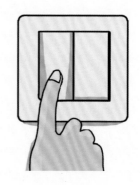

◆低碳购物

出门购物时，尽量自己带环保购物袋。无论免费或者收费的塑料袋，都减少使用。

 实践园

学习了低碳生活知识后，相信大家对低碳生活都充满了向往。生活用品 DIY 也是践行低碳生活的表现。

这些变废为宝的创意对你有什么启发？

饮料瓶变身多彩笔筒

◎材料：饮料瓶、瓦楞纸（或雪糕棒、碎布头等）、硬纸板、彩纸。

◎工具：剪刀、胶棒。

将饮料瓶按适当高度剪开。将硬纸板和瓦楞纸剪成适当大小。

将修剪好的材料根据自己的创意组合起来。注意高低差别。

将饮料瓶外部用瓦楞纸或彩纸粘贴并装饰，也可以用雪糕棒或碎布头等进行装饰。用胶棒固定在硬纸板上。

鞋盒变身简易收纳盒

◎材料：鞋盒、包装纸（或彩纸、碎布头等）。

◎工具：剪刀、胶棒（或双面胶）、尺子、铅笔。

1 测量鞋盒内侧的长、宽、高。

2 画出尺寸，分别裁剪长×高和宽×高各两片硬纸板。

3 用包装纸包装硬纸板。

4 使用拼插法，制作放在收纳盒中的格子。

5 用包装纸包装鞋盒外侧。

6 在包装外侧转角处时，注意粘缝要切开45°切口，这样会更平整。

7 收纳盒内侧也贴上包装纸。

8 将做好的格子用双面胶粘在盒子中间，一个简易的收纳盒就做好了。

第五章　绿色生活

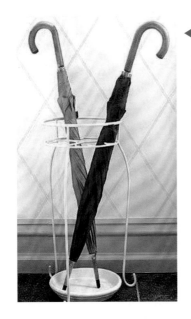

◀ 花盆架变伞架

用废旧花盆架和花盆托盘可以制成简单的伞架。还可以重新上色。把它立在门口，就不用担心雨伞滴水流到地上了。

报纸变桌椅 ▶

将废旧报纸卷成若干纸棒，再用皮带或麻绳等材料捆绑在一起，就可以制成桌椅。是不是既环保又个性十足呢？

◀ 塑料瓶变灯罩

看似无用的废弃塑料瓶，被清洗消毒后，在设计师的手里变成了精美的艺术灯罩。

环保行

绿色低碳概念的城市建设已成为世界各国共同追求的目标，但目前还没有固定的范式，各国都在摸索。

位于伦敦南部的贝丁顿零能耗社区是英国最大的零碳生态社区。整个社区的设计强调对阳光、废水、空气和木材的可循环利用，以产生满足居民生活所需的能源，不向大气释放二氧化碳，充分体现了可持续发展的理念。

▲ 英国贝丁顿零耗能社区

著名低碳城市哥本哈根，通过大量使用风电、太阳能等可再生能源和远程输热系统等手段，计划在 2025 年实现 100% 使用可再生能源的目标。

在低碳、绿色发展方面走在世界前列的新加坡，近年来非常重视减少温室气体的排放量，其城市规划的内涵中包含很多低碳理念和技术。新加坡政府认为，只有全国通力，公共领域带头，个人、社区和企业各尽其责，才能实现可持续发展的目标。

近年来，中国也在不断探索低碳城市建设，已开展了 3 批共计 87 个低碳试点省区和试点城市建设工作。在第七十五届联合国大会上，中国提出，将采取更加有力的政策和措施，二氧化碳排放力争于 2030 年前达到峰值，努力争取 2060 年前，实现释放的碳和吸收的碳达到平衡，进入净零碳社会。

◀ 中国深圳低碳城

9 绿色出行

新发现

随着经济的高速发展，全球汽车保有量迅速增长，汽车尾气也成为增长最快的温室气体排放源。除了造成大气污染，汽车还会造成噪声污染，引发交通拥堵。对环境影响较小的绿色出行方式越来越受到人们的推崇。

知识库

汽车尾气的危害

从世界范围看，汽车尾气是主要的大气污染源之一。汽车排放的主要有害物质包括一氧化碳、碳氢化合物、氮氧化物和微粒（由碳烟颗粒、铅氧化物等重金属氧化物和烟灰等组成）等。

◆一氧化碳

一氧化碳是汽车有害排放物中浓度最高的成分。交通堵塞越严重，一氧化碳排放量越多。一氧化碳是无色、无味的有毒气体。经呼吸道进入人的肺部，能与体内血红蛋白结合成一氧化碳－血红蛋白，容易造成低氧血症，导致组织缺氧，严重的会危及生命。

交通拥堵使一氧化碳排放加剧 ▶

◆碳氢化合物

各种碳氢化合物总称为烃类，汽车尾气中所含的烃类成分有百余种之多。在排出的碳氢化合物中还含有少量醛类（甲醛、丙烯醛）和多环芳烃（苯并芘等）。其中甲醛与丙烯醛不但有难闻的臭味，还对鼻、眼和呼吸道黏膜有刺激作用，会引发鼻炎、结膜炎、支气管炎等。苯并芘是一种强致癌物质。此外，烃类还是光化学烟雾形成的重要物质。碳氢化合物的危害不容忽视。

▼ 汽车尾气

◆氮氧化物

汽车排出的氮氧化物主要是一氧化氮和二氧化氮。一氧化氮毒性不大，但高浓度的一氧化氮能引起神经中枢障碍。一氧化氮很容易氧化成剧毒的二氧化氮。二氧化氮被人吸入肺部后，能与肺部的水分结合，生成可溶性硝酸，严重时会引起肺气肿。如果大气中的二氧化氮质量分数达到5毫克/立方米，就会对哮喘病患者有影响；若在100~150毫克/立方米的环境中连续呼吸30~60分钟，人就会出现生命危险。此外，即使氮氧化物浓度很低，也会对某些植物产生不良影响。

◆微粒

汽车尾气中的微粒主要有碳烟颗粒和铅氧化物微粒等。

碳烟颗粒对人的呼吸系统有害，其孔隙中还吸附着二氧化硫及致癌物质。

铅氧化物扩散到大气中对人体健康十分有害，容易使人出现贫血、肺气肿、心绞痛等铅中毒症状。

微粒对人体健康的影响，除了与浓度有关外，粒子的直径也起着决定作用。5微米以下的粒子可以进入呼吸道，3微米以下的粒子可以沉积在肺细胞内，引发病变。

思辨台

1. 你平时选择哪种出行方式？
2. 你认为什么是绿色出行？

践行绿色出行

全世界交通耗能增长速度居各行业之首，汽车工业的发展带来的能源消耗和大气污染问题引起了世界各国的广泛关注。在全球大力倡导低碳经济的背景下，绿色发展是顺应世界发展潮流的战略选择。促进交通运输低碳转型，加快新能源、清洁能源推广应用，是践行绿色发展方式的重要内容。

什么是绿色出行？简单来说，绿色出行就是采取对环境影响较小的出行方式，减少"碳足迹"，是节能减排的重要途径。

绿色出行具有节约能源、减少污染、提高能效、有益健康等特点，主要包括选择乘坐公共交通工具，少开车、多步行，骑自行车，文明开车等。发展绿色出行的根本目的是保持道路通畅，实现城市交通可持续发展。

 超链接

交通运输部近日印发的《综合运输服务"十四五"发展规划》提出，"十四五"时期，重点创建 100 个左右绿色出行城市，引导公众出行优先选择公共交通、步行和自行车等绿色出行方式，不断提升城市绿色出行水平。

为深入贯彻落实城市公共交通优先发展战略，倡导绿色、安全、文明出行，交通运输部将每年 9 月定为绿色出行宣传月。

实践园

　　只要能降低自己出行中的能耗和污染，都是绿色出行。青少年要从小培养"节能减排、绿色出行"的环保习惯，并积极参与相关宣传教育活动。

◆选择公共交通

　　火车、公共汽车、地铁等公共交通工具可以运载更多乘客，人均能耗少，造成的污染也相对较少。

◆文明安全驾驶

　　驾驶机动车时，应避免突然变道、加速或刹车。不文明的驾驶行为不但会导致高燃料消耗，还会引发交通拥堵，造成更多污染。

◆少乘坐飞机

　　1 000千米内的行程，尽量不乘坐飞机。因为在这个距离内，往返机场和安检登机所耗费的时间并不比火车少多少，并且人均能耗更高。如果时间允许，可选择乘坐火车或长途汽车。

◆多步行或骑自行车

　　自行车是公认的绿色环保交通工具，不但节能减排，而且有益于身心健康。如果出行距离不长，在天气和身体条件允许的情况下，步行和骑自行车都是不错的出行选择。

10 文明旅游我能行

新发现　　　祖国的大好河山值得我们去欣赏，但有些游客的做法却让人连连摇头！

祖国山河美如画！我要去游玩！

你再来看看这样的景象……

我们应该对不文明旅游行为说"不"！在生活中，应该如何做一个文明的游客呢？

我们来收集一些关于文明旅游的资料吧。

旅游中怎样做，才称得上文明游客呢？

我认为不能说脏话，还有……

十大旅游恶习	十大文明旅游行为
1. 公共场所大声喧哗	1. 维护环境卫生
2. 乱扔垃圾，随地吐痰	2. 遵守公共秩序
3. 无视禁烟标志，随处吸烟	3. 保护生态环境
4. 不遵守秩序，强行插队	4. 爱护文物古迹
5. 破坏文物，在文物上刻字等	5. 爱惜公共设施
6. 不尊重当地风俗习惯	6. 提倡低碳旅游
7. 破坏景区环境	7. 讲究以礼待人
8. 不文明用餐	8. 注重消防安全
9. 在禁止拍照场所拍照	9. 倡导健康娱乐
10. 因航班延误等原因，大闹机场	10. 尊重当地风俗习惯

中国公民国内旅游文明行为公约

营造文明、和谐的旅游环境，关系到每位游客的切身利益。做文明游客是我们大家的义务，请遵守以下公约：

一、维护环境卫生。不随地吐痰和口香糖，不乱扔废弃物，不在禁烟场所吸烟。

二、遵守公共秩序。不喧哗吵闹，排队遵守秩序，不并行挡道，不在公众场所高声交谈。

三、保护生态环境。不踩踏绿地，不摘折花木和果实，不追捉、投打、乱喂动物。

四、保护文物古迹。不在文物古迹上涂刻，不攀爬触摸文物，拍照摄像遵守规定。

五、爱惜公共设施。不污损客房用品，不损坏公用设施，不贪占小便宜，节约用水用电，用餐不浪费。

六、尊重别人权利。不强行和外宾合影，不对着别人打喷嚏，不长期占用公共设施，尊重服务人员的劳动，尊重各民族宗教习俗。

七、讲究以礼待人。衣着整洁得体，不在公共场所袒胸赤膊；礼让老幼病残，礼让女士；不讲粗话。

八、提倡健康娱乐。抵制封建迷信活动，拒绝黄、赌、毒。

中国公民出国（境）旅游文明行为指南

中国公民，出境旅游；注重礼仪，保持尊严。

讲究卫生，爱护环境；衣着得体，请勿喧哗。

尊老爱幼，助人为乐；女士优先，礼貌谦让。

出行办事，遵守时间；排队有序，不越黄线。

文明住宿，不损用品；安静用餐，请勿浪费。

健康娱乐，有益身心；赌博色情，坚决拒绝。

参观游览，遵守规定；习俗禁忌，切勿冒犯。

遇有疑难，咨询领馆；文明出行，一路平安。

实践园

开展一次宣传活动，呼吁周围的人文明旅游。

国家对于这些不文明的旅游现象，已经做出了相关规定。

我发现还有一些人没有意识到自己的错误行为。

★ 在家庭、校园和社区进行宣传，呼吁大家做文明游客。

倡议书

课本剧

创意漫画

公益广告

★ 小组讨论，选择合适的活动形式，制订宣传方案，开展一次以"文明旅游我能行"为主题的环保宣传活动。

宣传方案

宣传主题：

宣传口号：

宣传方式：

展评窗

在此次"文明旅游我能行"主题活动中，你一定有许多收获，快和小伙伴们一起做个总结吧！

活动评价表

评价内容	自己评价	同伴评价
了解并践行十大文明旅游行为	☆ ☆ ☆ ☆ ☆	☆ ☆ ☆ ☆ ☆
积极承担任务，具有责任心	☆ ☆ ☆ ☆ ☆	☆ ☆ ☆ ☆ ☆
遇到困难，主动想办法解决	☆ ☆ ☆ ☆ ☆	☆ ☆ ☆ ☆ ☆

我的收获

▲ 有关"文明礼仪"的手抄报

第六章

共建
家园

践行绿色发展理念，
共建美丽和谐家园，
迈向生态文明绿色发展新时代。

1 城市美容师

新发现

　　干净整洁的街道、清新怡人的空气、欣欣向荣的城市风貌，都彰显着现代城市建设之美。优美的城市环境和良好的文明氛围，不断提升着人们的幸福感与获得感。

古风小镇之美 ▶

◀ 现代城市之美

是谁把我们的城市装扮得这么美好？

环卫工人是我们身边的"城市美容师"，正因为他们的辛勤付出，才让我们的城市如此干净整洁。

 实践园

如此美好整洁的城市环境，却还是能发现个别不文明的现象。请将你的调查情况填在表中。

不文明现象调查表

地点	不文明现象	改进方法

让我们行动起来，从身边小事做起，为保持良好的市容市貌贡献一分力量。

▲ 保持环境卫生

活动评价表

清洁地点	评价标准	满意度
		☆ ☆ ☆ ☆ ☆
		☆ ☆ ☆ ☆ ☆
		☆ ☆ ☆ ☆ ☆
		☆ ☆ ☆ ☆ ☆

 环保行

保护环境是一种公德，每个人都应该积极参与。具体可以这样做：
★ 不乱扔垃圾。
★ 多植树造林。
★ 及时举报和整改破坏生态环境的行为。
★ 拒绝陋习，文明旅游。
★ 自觉参与社会环保行动。
★ 支持环保募捐。
★ 积极参加义务劳动，主动保持环境卫生。
★ 阅读环保书籍、报刊，了解环保知识。
★ 主动向他人宣传环保理念。

2 植物装点生活

新发现　无论是街道两旁、生活小区，还是庭院中、居室内，都能看到植物的身影。它们能够净化空气，美化环境，装点我们美好的生活。

行道树

刺梅

玉兰

 知识库

植物与我们的生活关系密切：能美化环境；蔬菜、水果、粮食等植物产品是我们的食物来源；还可以制成家具、门窗、布料等生活用品。

思辨台

1. 你在生活中见过哪些植物？能说说你最喜欢什么植物吗？
2. 你的家中有植物吗？它们为你的生活起到了哪些作用？

 实践园

选择生活中的一种植物，开展观察记录活动。要留心观察植物的色、形、味等特征，记录下自己的发现和思考。

植物观察记录表

观察对象			
观察时间		观察地点	
植物的作用			
植物的特征			
与生活的关系			

为你喜欢的植物制作一张专属名片，再召开一次新闻发布会，把你了解到的有关植物的知识向朋友们介绍一下吧！

植物名片

植物名称：

科属：

简介：

作用：

 展评窗

在"植物装点生活"活动中你一定收获颇丰，快和小伙伴们一起评价吧！评价的时候要公平公正哦！

活动评价表

评价内容	我的表现
积极参与，与同伴沟通顺畅	☆ ☆ ☆ ☆ ☆
较好地完成所承担的任务	☆ ☆ ☆ ☆ ☆
为活动建言献策	☆ ☆ ☆ ☆ ☆

活动中的收获

3 海绵城市

新发现　国务院新闻办公室于2021年10月25日举行新闻发布会,介绍《关于推动城乡建设绿色发展的意见》有关情况时指出,促进区域和城市群的绿色发展、建设美丽宜居城市、加强历史文化保护,是提升城市绿色发展水平,保障城镇化高质量推进的重要举措。

一　推动绿色低碳城市、社区和县城建设。会同人民银行、银保监会指导青岛市落实绿色城市建设发展试点方案,指导哈尔滨、南京等12个城市做好绿色城市示范工作,与5个部门联合印发《绿色社区创建行动方案》,与14个部门联合印发《关于加强县城绿色低碳建设的意见》。

二　推进生态修复、城市修补工作,共确定了58个生态修复、城市修补试点城市。

三　系统化全域推进海绵城市建设,印发《海绵城市建设技术指南》,制定和修订了相关标准,加大财政支持。截至2020年底,全国城市共建成各类落实海绵城市建设的项目约4万个。

四　研究构建城乡历史文化保护传承体系,开展历史文化资源普查,加强历史文化名胜、名城、名镇、名村、传统村落、历史文化街区、历史建筑等遗存信息的数字化采集工作。

知识库

　　海绵城市，就是能够像海绵一样吸水的城市。这样的城市，能够最大限度地留住雨水。具体来说，就是在城市小区里布置若干地块，用吸水材料建设，作为海绵体，平时是市民的休闲公园，暴雨的时候就作为蓄水的地方。无论是泥地、草地还是树林、湖泊，都能吸收大量雨水。这样，可以把水消化在本地，避免汇集到一起形成洪水。当大量的雨水都被海绵体吸收之后，城市的积水也就无从谈起。那些被海绵体充分吸收的雨水会被再次利用，如浇花、洗车等，在一定程度上也可以缓解城市水资源紧张的局面。

　　简言之，海绵城市就像海绵一样，下雨时吸水、蓄水、渗水、净水，需要时将蓄存的水"释放"并加以利用。海绵城市能够将自然途径与人工措施相结合，在确保城市排水防涝安全的前提下，最大限度地实现雨水在城市区域的积存、渗透和净化，促进雨水资源利用，实现生态环境保护。

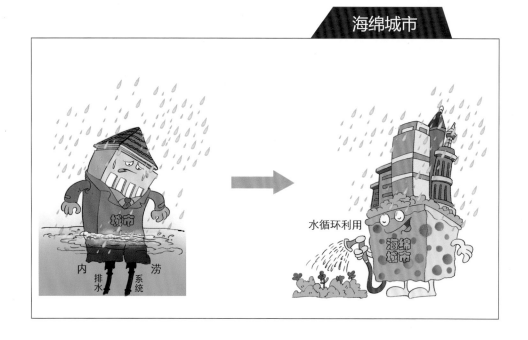

　　看完介绍，大家对海绵城市已经有了初步认识，请结合下列问题展开讨论，并进行相应回答。

　　1.目前，城市存在的环境和生态问题主要有哪些？

　　2.建设海绵城市有哪些好处？

 实践园

　　海绵城市由哪些部分和载体组成，它们是如何发挥作用的？下面就让我们分组展开调查，一探究竟。

　　首先，请仔细研究"海绵城市水循环收集与释放示意图"。通过此图，你获得了哪些信息？得出了哪些结论？

▼ 海绵城市水循环收集与释放示意图

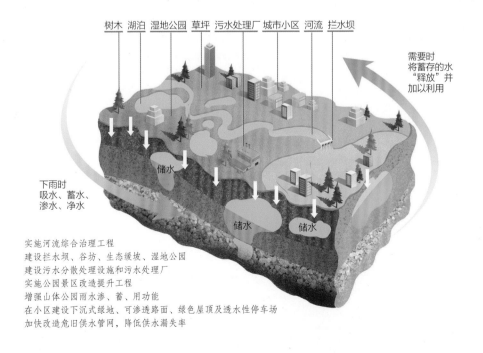

实施河流综合治理工程
建设拦水坝、谷坊、生态缓坡、湿地公园
建设污水分散处理设施和污水处理厂
实施公园景区改造提升工程
增强山体公园雨水渗、蓄、用功能
在小区建设下沉式绿地、可渗透路面、绿色屋顶及透水性停车场
加快改造危旧供水管网，降低供水漏失率

获得的信息: _____

_____

_____

得出的结论: _____

_____

_____

接下来，请进一步收集与海绵城市相关的资料，并以"我眼中的'海绵城市'"为题，写出你对"海绵城市"这一理念的理解与思考。

我眼中的"海绵城市"

超链接

截至 2021 年，我国共有 30 座海绵城市建设试点城市，其中安徽省起步较早，规划和实施程度也排在全国前列。

2014 年 12 月，安徽省住房和城乡建设厅宣布，将在全省每个市、县选择 1~2 个项目，试点开展海绵城市建设示范工程，通过建设下沉式绿地、生物滞留设施等，构建新型的城市低影响开发雨水系统。此外，安徽省还在各类建设项目中统一审查把关、统筹建设，实现低影响开发设施与建设项目的主体工程同步规划、同步设计、同步施工，同时投入使用，全面推动建成海绵城市。

 环保行

"海绵城市"不仅是我国推崇的城市建设理念，世界上许多国家也有类似的城市建设理念，你了解过吗？课后可以收集相关资料，比较国内外海绵城市建设理念的异同，以及各自的优势，从而加深对这一理念的认识和理解。

 展评窗

通过学习，相信大家对海绵城市有了很多了解。请你总结一下学习心得，并对自己进行评价。

活动评价表

项目	合格	良好	优秀	评价
搜索和收集信息	收集到少量相关信息	收集到较多相关信息	收集到大量相关信息，并能合理挑选、有效组织信息	☆☆☆☆☆
合作意识	较少合作	有时合作	经常合作	☆☆☆☆☆
介绍能力	提供少量信息	提供较多信息，听众知道在讲述什么	条理清晰，听众完全明白	☆☆☆☆☆
设计成果（任务完成情况）	制订出简单计划	制订出比较详细的计划	制订出详细、合理、高效的计划	☆☆☆☆☆

活动反思

4 携手共建绿色校园

　　环境污染形势日趋严峻，保护环境势在必行。对于学校来说，应该在学科教学中加强环境保护教育，培养学生建设绿色校园的意识，树立生态文明理念。

　　为了培养青少年的环保意识，师生携手共建绿色校园，已成为各学校实施生态文明教育的共同举措。

以渗透教育为途径，增强生态文明意识

　　在生态文明教育中，各科教师结合教材内容，加大对生态文明知识的挖掘力度，将生态文明教育与课堂教学融为一体。道德与法制、语文、美术等学科在教学中都设置了明确的生态文明教育目标，开展有机渗透式教育，既使学生增长知识、开阔视野，又激发他们的环保热情。用这种"润物细无声"的教育方式，让学生获得丰富的生态文明情感体验，促进学生的综合素质发展。

推进家校互动，形成生态文明教育链

家长在学生的生态文明意识培养中起着重要的作用，学校教育的有效开展离不开家庭的协作与支持。学校开展各项活动后，学生将自觉、自主的生态文明意识与行动带回家、带回社区，从而形成"小手牵大手"的生态文明教育链，让生态文明理念影响两代人，甚至三代人。

围绕生态文明主题，学校可以组织多种调查活动，如水污染调查活动、大气污染调查活动、噪声污染调查活动、垃圾分类调查活动等。在进行这些调查活动时，可以请家长协助学生完成，将调查活动发展为亲子活动。在家长、社区人员的帮助下，孩子们可以有效完成调查，增加生活常识，还可以实践自己的环保设想，推动社区的生态文明建设。

总之，在良好的家校互动教育氛围中，不仅学生的环保意识得以初步树立，还完善了学校的生态文明教育体系。

开展系列活动，将生态文明思想转化为实际行动

学校要在学生中宣传和推广生态文明教育理念，如"保护环境从我做起，从身边做起，从小事做起"；开展生态文明教育系列活动，如"争当环保小卫士"活动，用实际行动净化、美化校园环境；利用广播站、校园宣传栏等平台大力宣传"环保模范"和"环保先进事迹"，增强全体师生的生态文明意识；开展"变废为宝"等环保手工比赛，如用漂亮的落叶制作出精致美观的书签、贴画，既美化了校园，又提高了动手能力。通过开展丰富多样的生态文明教育活动，校园变得更加整洁、美观。

▲ 落叶贴画作品

挖掘社区资源，鼓励和支持全体学生参与多种环保活动

学校可以成立各种环保、护绿小队，利用节假日到社区开展生态文明知识宣传及"红领巾"文明行动。

比如到公共绿地开展"红领巾环保护绿"活动。又如开展"小手拉大手，还社区一片清新"活动，深入社区打扫卫生，用辛勤的劳动换来社区的洁净，也为提高社区人们的生态文明意识做出榜样。还可以结合每年的六月五日"世界环境日"开展主题教育活动，如举行升旗仪式，围绕"保护环境，讲究卫生"主题开展班队会活动等，提高学生的素质及能力，用行动践行建设生态文明的誓言。